Jens Peer Stengl · Jenö Tihanyi

LEISTUNGS MOSFET PRAXIS

Inhalt

Vorwort

Wenn man früher über Leistungsschalter gesprochen hat, dachte man an Dioden, Thyristoren, Triacs und vielleicht, bei kleineren Spannungen und Leistungen, an bipolare Leistungstransistoren. Es schien, daß die Technik dieser Silizium-Leistungsbauelemente ihren Endstand erreicht hatte. Keine wesentlichen Weiterentwicklungen waren in Aussicht, und die Fachleute haben sich auf längere Sicht auf klassische Lösungen mit diesen Leistungsbauelementen eingerichtet. Es war vorstellbar, daß aufgrund anderer Zielsetzungen die atemberaubende Entwicklung der Mikroelektronik in den 70er Jahren keinen Einfluß auf die Leistungselektronik haben würde. Dem war nicht so.

Die Situation hat sich etwa ab 1980 grundlegend geändert. Damals erschienen neue Leistungsschalter, die Leistungs-MOS-Transistoren, auf dem Markt. Sie wiesen besondere, früher für Leistungsbauelemente unvorstellbare Eigenschaften auf und eröffneten neue Möglichkeiten der Anwendung. Nun konnten bessere, zuverlässigere und billigere Systemlösungen geschaffen werden. Bereits in den ersten Jahren nach ihrem Erscheinen haben sie für viel Bewegung in der Leistungselektronik gesorgt.

Ziel dieses Buches ist es, die Anwender von Leistungsschaltern aller Art von den vielen Vorteilen der neuen, modernen MOSFET-Bauelemente zu überzeugen und die Erfahrungen weiterzugeben, welche die Autoren im Umgang mit MOS-Leistungstransistoren gesammelt haben.

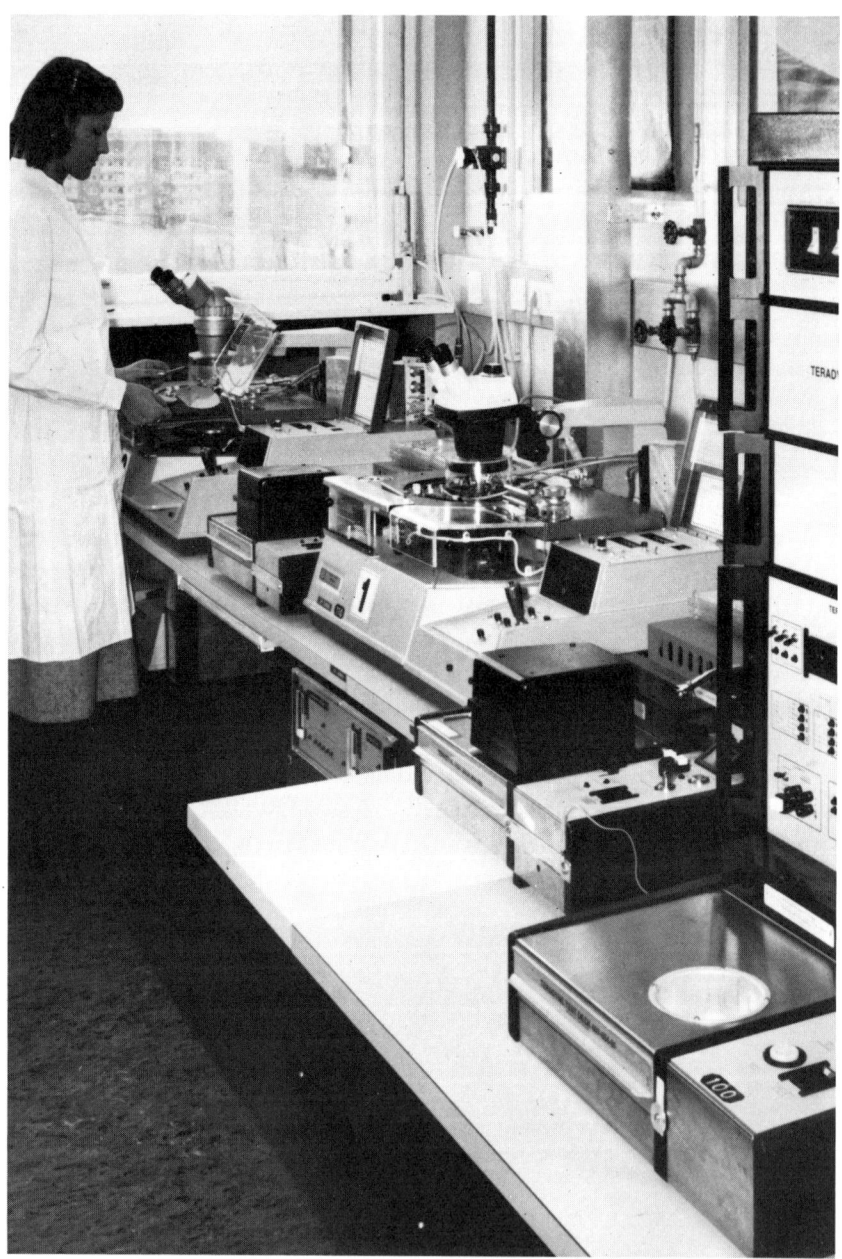

1 Halbleitergrundlagen, Aufbau und Funktionsweise der Leistungs-MOS-Transistoren

Die heute erhältlichen Leistungs-MOS-Transistoren sind aus Silizium-Halbleitermaterial hergestellt. Um die Eigenschaften der Bauelemente zu verstehen, ist es notwendig, daß wir die Grundbegriffe und die wichtigsten physikalischen Vorgänge der Silizium-Halbleitertechnik kurz zusammenfassen.

Das Halbleitersilizium ist ein grauer, metallisch glänzender, kristallin aufgebauter Stoff. Vor der Verarbeitung zum Halbleiterbauelement wird ein großer, zylinderförmiger »Einkristall«, der mit speziellen Verfahren gezüchtet wird, in Scheiben gesägt. Die Scheibenoberfläche wird anschließend aufpoliert. Zur Zeit werden Siliziumscheiben bis zu 10 cm und sogar bis 12,5 cm Durchmesser verwendet. Die Kristallstruktur des Siliziums ist die »Diamantstruktur«. Im Diamantgitter sind die Atome so angeordnet, daß jedes Atom vier Nachbarn hat, wie es in dem Modell in Bild 1 zu sehen ist. Ein Kubikzentimeter eines Siliziumkristalls enthält $5,02 \cdot 10^{22}$ Atome. Der Abstand zwischen den Atomen beträgt etwa 4 Å $(4 \cdot 10^{-8}\,\text{cm})$. Anschaulicher ausgedrückt: auf $1\,\mu\text{m}$ Länge kommen 2500 Atome. Die Ursache der Diamantstruktur finden wir im Aufbau des Siliziumatoms. Die vier Elektronen in der äußersten Elektronenschale haben einen Zustand, der es ermöglicht, daß sie, mit den entsprechenden Elektronen der Nachbaratome zusammenwirkend, genau die Diamantstruktur als Kristall aufbauen können. Die vier äußeren Elektronen, die auch Valenzelektronen genannt werden, bilden den »Klebstoff«, der den Siliziumkristall zusammenhält. Der reine Siliziumkristall benötigt alle Valenzelektronen, um die Gitterstruktur zusammenzuhalten; keines von ihnen ist frei beweglich. Daher ist der Siliziumkristall elektrisch nicht leitend. Das bisher Gesagte ist nur dann gültig, wenn keine äußere Einwirkung den Idealzustand stört. Eine Einwirkung ist, wenn z. B. dem Silizium durch Erhitzen Energie zugeführt wird. Durch das Erhitzen können sich einige Valenzelektronen

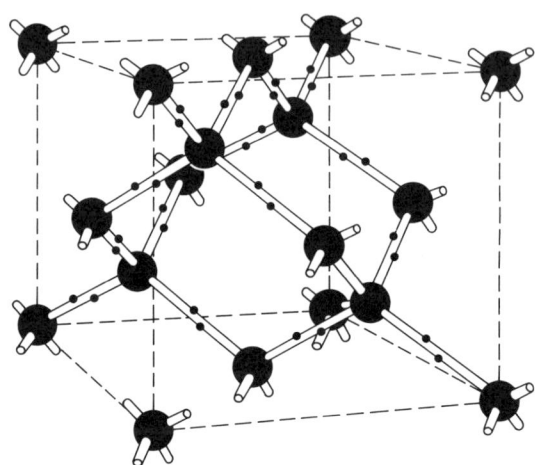

Bild 1: Modell eines Si-Kristalles.

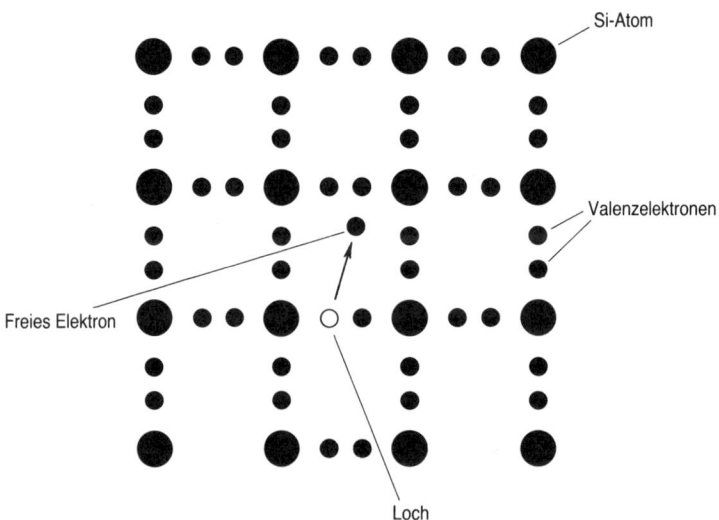

Bild 2: Bildung von Elektron-Lochpaaren.

10

aus der Bindung lösen, auf ein höheres Energieniveau kommen und sich frei bewegen. Der Kristall wird elektrisch leitend. So ändert beispielsweise das Silizium seine Leitfähigkeit um mehrere Größenordnungen, wenn es von Zimmertemperatur auf 200 °C aufgewärmt wird. Genauso können durch Lichteinwirkung Valenzelektronen in den leitenden Zustand gebracht werden. Das Freiwerden von Elektronen aus der Kristallbindung wird aber auch noch durch ein anderes Ereignis begleitet: Gleichzeitig mit dem Freiwerden und Abwandern eines Elektrons entsteht ein »Loch« in dem Bindungssystem, das eine effektiv positive Ladung hat. Das Loch kann auch seinen Platz im Kristallgitter ändern, wenn ein Bindungselektron von dem Nachbaratom in die nun vorhandene Elektronenlücke des Loches springt. Im elektrischen Feld bewegen sich die Löcher in entgegengesetzter Richtung wie die freigewordenen Elektronen. Den Mechanismus des Freiwerdens von Elektronen und die Löcherbildung in einem reinen Siliziumkristall illustriert Bild 2 in vereinfachter, zweidimensionaler Form. In der Praxis verläuft das Ereignis im dreidimensionalen Kristall räumlich.

Der Siliziumkristall kann aber nicht nur durch Anregung mit thermischer Energie oder Licht in einen leitenden Zustand gebracht werden, sondern auch durch »Dotierung«. Dotierung heißt, daß dem reinen Kristall Fremdatome zugeführt werden, welche nicht vier, sondern wie Phosphor fünf oder wie Bor drei Elektronen in der äußeren Elektronenschale enthalten.

Das Phosphoratom, eingebaut in den Siliziumkristall, braucht für die Bindung nur vier Bindungselektronen, das überflüssige fünfte ist beweglich. Es verleiht dem Kristall Leitfähigkeit. Das Leitungselektron, das mit dem »Donatoratom« eingeführt wurde, ist aber nicht wie bei der Eigenleitfähigkeit mit einem Loch verknüpft. Die positive Ladung des Donators, d. h. des Phosphoratomrumpfes, ist platzgebunden. Im elektrischen Feld können sich nur die Elektronen mit ihrer negativen Ladung bewegen. Das phosphordotierte Silizium ist »n-leitend«.

Baut man Boratome ins Silizium ein, fehlt ein Bindungselektron in seiner Umgebung. nachdem das Bor nur drei Valenzelektronen besitzt, entsteht daher ein »Loch« ohne Begleitelektron. Da Löcher positive Ladungen repräsentieren, ist das bordotierte Silizium »p-leitend«.

Es sind auch andere Dotierstoffe möglich, wie z. B. Arsen und Antimon als n- und Aluminium als p-Dotierung. Die Wirkung der Dotierung ist in Bild 3 schematisiert dargestellt. Die Leitfähigkeit des dotierten Siliziums ist um so größer, je höher die Konzentration der Dotieratome ist. Die Löcher kön-

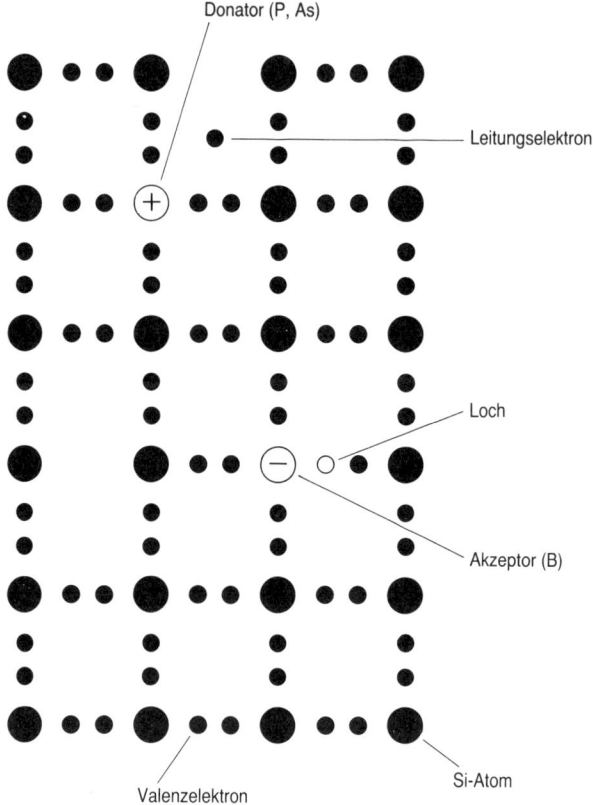

Donator (P, As)

Leitungselektron

Loch

Akzeptor (B)

Si-Atom

Valenzelektron

Bild 3: Wirkung der Dotierung.

nen sich, zum Unterschied zu den Elektronen, nur langsam im Kristall bewegen. Aus diesem Grunde hat bei gleicher Dotieratomkonzentration der n-leitende Siliziumkristall etwa zweimal bessere Leitfähigkeit als ein p-Material. Thermische oder optische Anregung erzeugt in dem dotierten Silizium zusätzliche Ladungsträger beider Art. Das heißt in einem n-leitenden Kristall sind auch einige wenige Löcher und in einem p-leitenden Kristall auch Elektronen vorhanden. »Ladungsträger«, die die Leitfähigkeit bestimmen, nennt man »Majoritätsträger« und die wenigen, in der

12

Minderheit vorhandenen anderen, die »Minoritätsträger«. Die Konzentrationen von Minoritäts- und Majoritätsträgern sind, auf Zimmertemperatur, nach (1.1) und (1.2) zu berechnen:

$$n_{maj} \simeq N_{Dot} \tag{1.1}$$

$$n_{min} \simeq \frac{1,9 \cdot 10^{20}}{N_{Dot}} \tag{1.2}$$

$$1,9 \cdot 10^{20} = n_i^2 = n_{maj} \cdot n_{min} \, [cm^{-6}]$$

Wenn in einem Siliziumkristall n- und p-dotierte Gebiete nebeneinander angeordnet sind, spricht man vom »p-n-Übergang«. Auf einer Seite des p-n-Überganges sind Leitungselektronen, auf der anderen Seite Löcher in großer Konzentration vorhanden (Bild 4). Nach dem Gesetz der Diffusion sollten sich die n- bzw. p-Ladungen jeweils so lange in Richtung der anderen Seite bewegen, auf der die Konzentration sehr klein ist, bis sich Elektronen und Löcher im ganzen Kristall gleichmäßig verteilt haben. Diese Situation läßt jedoch auf der n-Seite eine kräftige, positive und auf der p-Seite eine negative Ladung entstehen. Die dadurch auftretenden elektrostatischen Kräfte versuchen die Ladungsträger zurückzuziehen, wie auch in Bild 5 zu sehen ist. Das Ergebnis der beiden Wirkungen ist, daß bei einem p-n-Übergang eine »Raumladungszone« gebildet wird, die von Ladungsträgern »ausgeräumt« ist. Die Ladung der »nichtkompensierten Dotieratome« erzeugt ein elektrisches Feld (eingebautes Feld) von der Größe, daß die Diffusion verhindert wird. Somit können keine Ladungsträger den p-n-Übergang passieren, wenn nicht ein äußerer Einfluß diese Gleichgewichtssituation ändert (Bild 6).

Das Gleichgewicht wird gestört, wenn man an den p-n-Übergang Spannung anlegt. Wird der p-n-Übergang in »Flußrichtung« vorgespannt, wie es Bild 7 zeigt, wird die eingebaute Feldstärke reduziert, die Majoritätsträger werden durch den Übergang geschoben, und es kann der Diffusionseffekt wirken. Die Ladungsträger strömen in die Richtung der kleineren Konzentration durch den p-n-Übergang. Es findet eine »Injektion« von Minoritätsträgern statt. Die injizierten Ladungsträger, die vom p-n-Übergang wegdiffundieren, haben jedoch eine zeitlich begrenzte »Lebensdauer« in dem andersleitenden Kristall. Sie können nicht allzu weit mit ihrer begrenzten Geschwindigkeit wandern. Man bezeichnet jene Wegstrecke als »Diffusionslänge«, innerhalb der alle injizierten Ladungsträger verschwunden

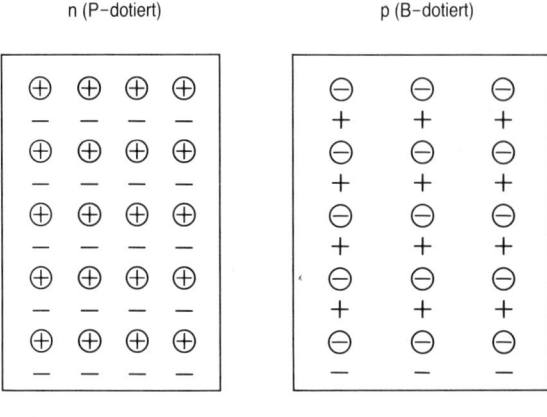

n (P-dotiert)   p (B-dotiert)

Bild 4: *p-n-Übergang. Bildung aus n- und p-leitendem Silizium.*

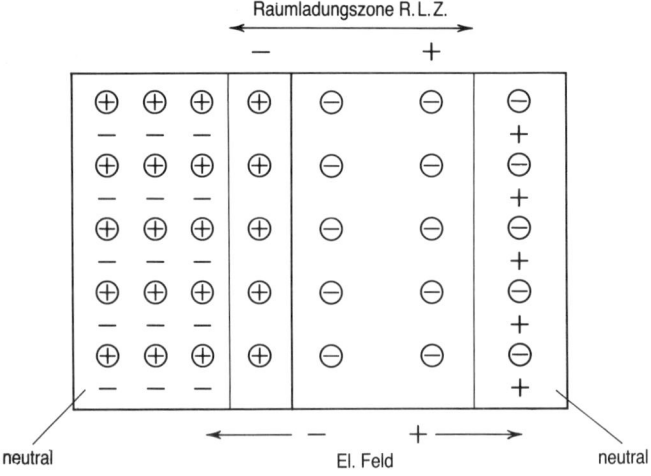

Raumladungszone R.L.Z.

neutral   El. Feld   neutral

Bild 5: *p-n-Übergang mit Raumladungszone.*

14

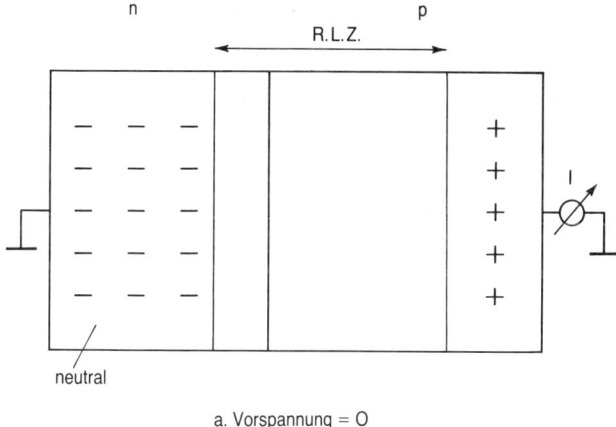

a. Vorspannung = 0

I = 0

Bild 6: Vorspannung = 0 V; I = 0 A.

sind. Sie ist um so größer, je länger die Lebensdauer der Ladungsträger ist. Wie schnell die injizierten Ladungsträger verschwinden (rekombinieren), d. h. wie groß die Lebensdauer ist, hängt von der Dichte der »Rekombinationszentren« und von der Menge der injizierten Ladungsträger ab. Die Zentren können durch Kristallfehler oder künstlich eingebaute Schwermetallatome (Gold, Platin) gebildet werden. Der Injektionsstrom durch den p-n-Übergang kann annähernd mit Formel (1.3) berechnet werden:

$$I = A \cdot K_1 \cdot \exp(K_2 \cdot U) \qquad (1.3)$$

Er hängt exponentiell von der angelegten Vorspannung ab. Diffusionslänge, Temperatur und Materialparameter sind in den Konstanten K_1 und K_2 berücksichtigt.

Wenn an den p-n-Übergang »Sperrspannung« angelegt wird, wie es in Bild 8 dargestellt ist, werden die Majoritätsträger aus der Nähe des p-n-Übergangs abgezogen, die Raumladungszone wird breiter und die Stärke des diffuionshindernden Feldes größer. Es fließt praktisch kein Strom. Sollte ein Ladungsträger in die Raumladungszone gelangen, so würde er durch das elektrische Feld schnell entfernt werden. Bild 9 zeigt schematisiert die Spannungs- und Feldverteilung des in Sperrichtung vorgespannten p-n-Überganges. Das Feld ist am p-n-Übergang am größten. Die Spannung

15

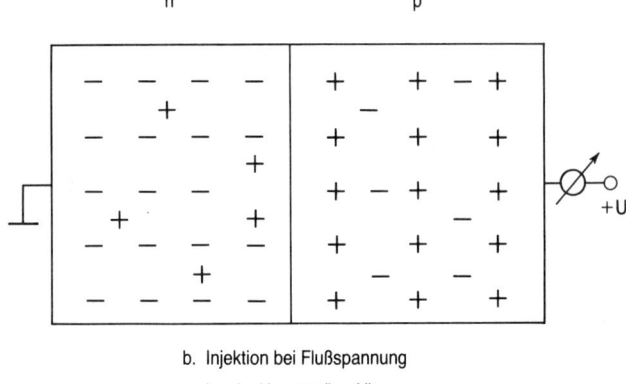

b. Injektion bei Flußspannung

$$I = A \cdot K_1 \cdot exp(k_2 \cdot U)$$

Bild 7: Injektion bei Flußspannung $I = A \cdot K_1 \cdot exp(K_2 \cdot U)$.

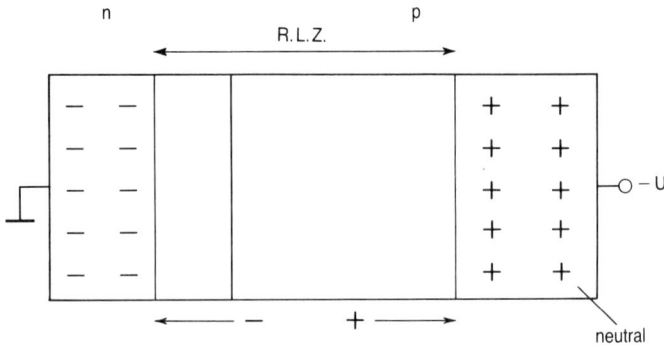

Bild 8: Sperrspannung an einem p-n-Übergang.

fällt hauptsächlich auf der niedriger dotierten Seite des p-n-Überganges ab. Wenn eine Seite des p-n-Überganges viel höher dotiert ist als die andere, spricht man von »abruptem« p-n-Übergang, wie in Bild 10 zu sehen ist. An einem abrupten p-n-Übergang fällt der größte Teil der Spannung an der niedrigdotierten Seite ab.

Die in Bild 11 dargestellte Struktur ist der »bipolare Transistor«. Er besteht aus n-Emitter, p-Basis und n-Kollektorzone. Wegen seines Aufbaues wird

16

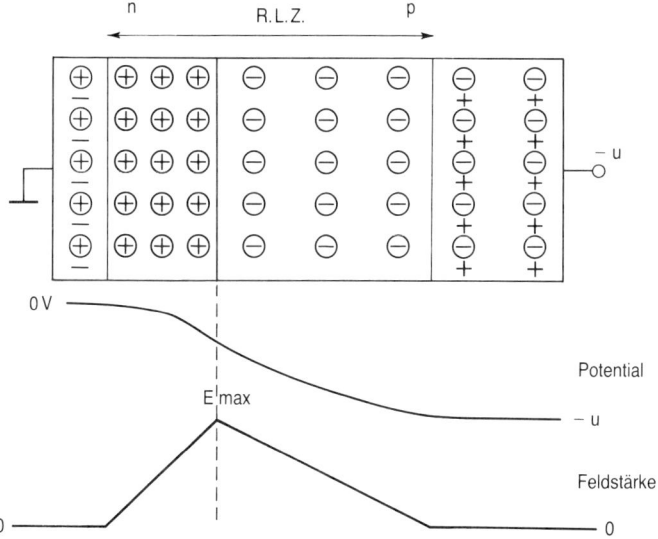

Bild 9: Spannungsverlauf und Feldstärke in der Raumladungszone.

er auch »n-p-n-Transistor« genannt. Das Gegenteil wäre die p-n-p-Version. Wenn die Struktur lt. Bild 11 vorgespannt wird, emittiert der Emitter-Basisübergang und läßt Leitungselektronen in die p-Basis diffundieren. Ein Teil der Elektronen durchquert die Basis und der Rest verschwindet, d. h. er rekombiniert während des Diffundierens durch die Basiszone. Die Elektronen, welche den Basis-Kollektorübergang erreicht haben, werden durch die Raumladungszone in die Kollektorzone durchgesaugt.

Um einen Stromfluß durch die Struktur zu erhalten, muß der Rekombinationsverlust in der Basis in Form von Basisstrom zugeführt werden. Bei Kleinsignal-Bipolartransistoren mit geringen Stromdichten ist dieser Verlust des Basisstromes nur ein Bruchteil des Kollektorstromes. Die Basisstromverluste steigen aber auf etwa $I_C/10$ bis $I_C/5$ bei Stromdichten von $> 1\,\text{A/mm}^2$. Ein wichtiger elektrischer Parameter des Bipolartransistors ist die »Stromverstärkung« B, welche nach (1.4) definiert wird:

$$B = \frac{I_C}{I_B} \text{ daraus folgt } I_C = B \cdot I_B \qquad (1.4)$$

17

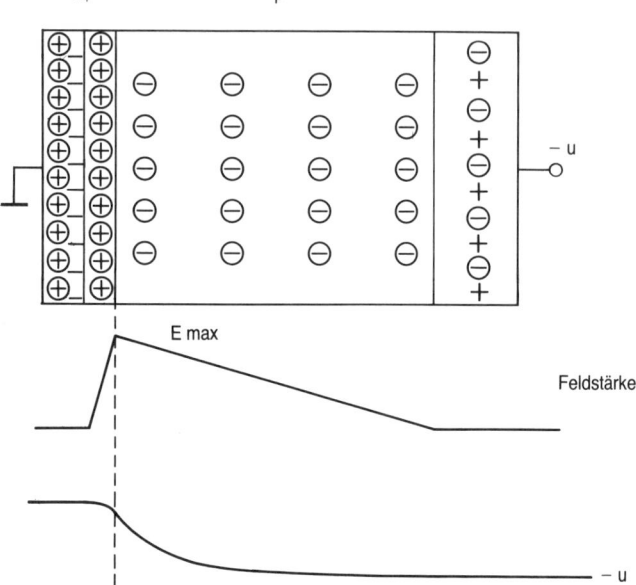

Bild 10: Abrupter p-n-Übergang.

Der Bipolartransistor ist also ein Bauelement, in dem der Hauptstromfluß zwischen den Emitter- und Kollektorkontakten mit der Zuführung des wesentlich kleineren Basisstromes durch den Basiskontakt kontrolliert, »moduliert«, werden kann. Es findet ein Verstärkungseffekt statt.

Aus der Funktionsweise folgt auch der Name des »Bipolartransistors«. An dem Stromführungsmechanismus sind die Ladungsträger von beiden, d. h. *zwei Polaritäten* (n-Elektronen und p-Löcher), beteiligt.

Praktische Ausführungsformen, Herstellverfahren, Größe und Strombereich der gebräuchlichsten Bipolartransistoren sind sehr unterschiedlich. Es gibt Nieder- und Hochspannungsversionen, Einzelbauelemente oder integrierte Bipolarbausteine, Transistoren, die für Hochfrequenztechnik, und andere, die für Leistungsschalteranwendungen bestimmt sind, sowie noch weitere, hier nicht erwähnte Versionen. Die physikalische Grundlage aber ist für alle Bipolarbauelemente gleich: Die Injektion der Ladungsträger aus der Emitter- in die Basiszone und das Diffundieren durch die Basis in Richtung Kollektor.

18

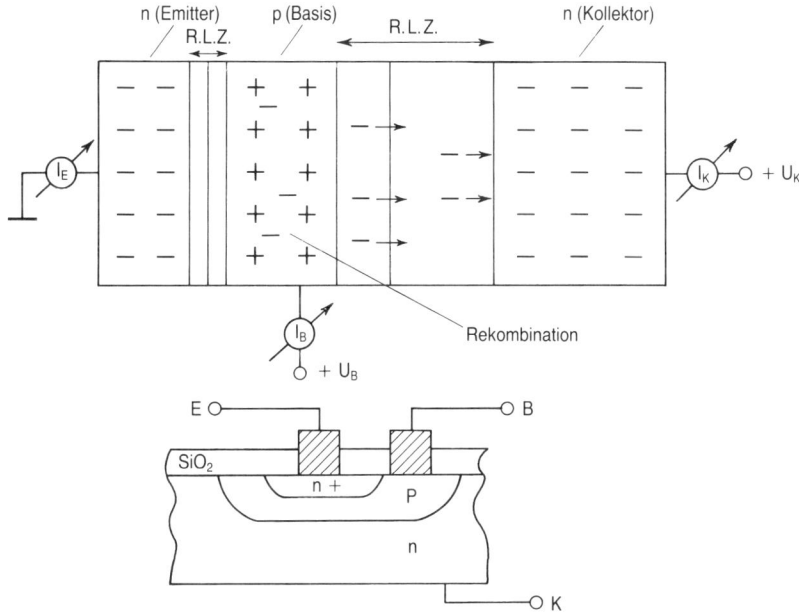

Bild 11: Prinzip und Ausführungsbeispiel eines Bipolartransistors.

Mit der Struktur, dargestellt in Bild 12, sind wir dem eigentlichen Thema dieses Buches bereits recht nahe gekommen. Dieses Bild stellt den MOS-Transistor in der einfachsten Form dar. Er besteht, ähnlich wie der n-p-n-Bipolartransistor, aus drei Zonen. Zusätzlich enthält er eine isoliert aufgebaute, leitende »Gate«-Elektrode auf der Oberfläche. Man erzeugt diese Oberflächenquarzschicht (SiO₂), die als Isolator wirkt, bei Silizium durch termische Oxidation. Der Name MOS wird also aus dem Aufbau des Transistors abgeleitet: es ist die Abkürzung für *M*etal *O*xid *S*emiconductor. Wenn die Struktur nach Bild 13 vorgespannt wird, werden durch die positive Gatespannung negativ geladene Leitungselektronen auf die Oberfläche »gesaugt«, und es entsteht eine »Inversionsschicht«. Diese Inversionsschicht ist, ähnlich wie beim p-n-Übergang, durch eine Raumladungszone von dem neutralen Teil des p-»Substrates« (Träger) getrennt. Die Inversionsschicht verbindet die beiden n-Zonen miteinander. Wenn nun die rechte n-Zone auf positive Spannung gelegt wird, fließt Strom in der Inversionsschicht zwischen »Source« (n-Zone auf negativem Spannungspe-

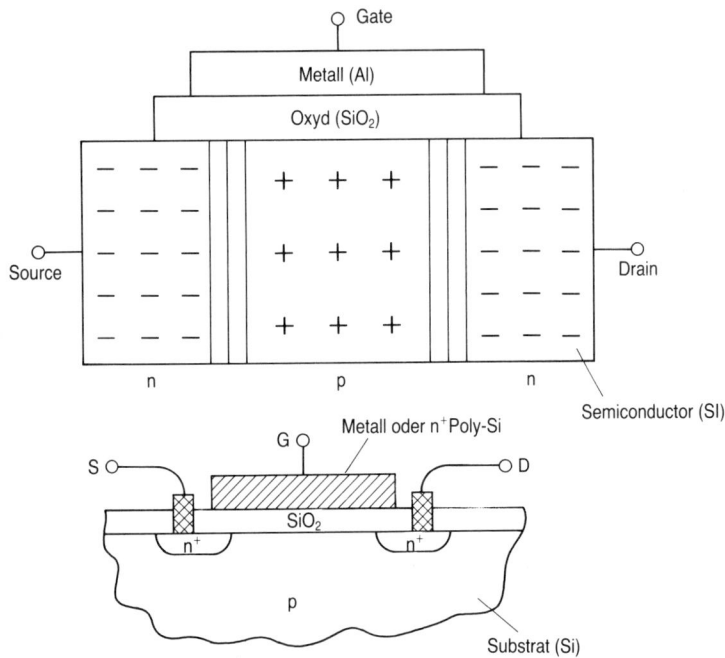

Bild 12: *Prinzipieller Aufbau und einfachste lateral realisierbare Ausführungsform des MOS-Transistors.*

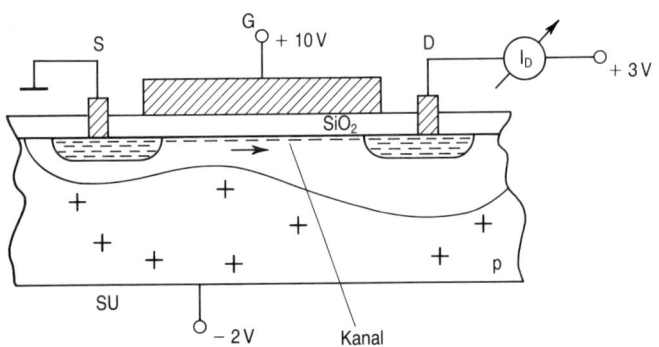

Bild 13: *Stromfluß im Kanal des lateralen MOSFET's.*

20

gel) und »Drain« (n-Zone auf positivem Pegel). Die Zone unter der Gate-Elektrode nennt man »Kanal«. Unsere Struktur ist ein n-Kanal-MOS-Transistor. Die p-Kanal-Version wäre umgekehrt dotiert aufgebaut, hätte also p-dotierte Drain- und Source-Zonen, ein n-dotiertes Substrat und könnte mit negativer Gatespannung aufgesteuert werden.

Der Drainstrom eines MOS-Transistors wird durch die Gatespannung moduliert. Es fließt aber kein Gatestrom, da die Gate-Elektrode isoliert aufgebaut ist. Die Kontrolle des Stromflusses erfolgt durch den Effekt des elektrischen Feldes. Daher nennt man diese Art von Strukturen »Feldeffekttransistoren«, abgekürzt »FET« oder »MOSFET«.

Manchmal wird in Zusammenhang mit MOSFET's auch über den »Unipolareffekt« gesprochen. Er deutet einfach auf den Umstand hin, daß an der Stromführung Ladungsträger von nur einer Polarität beteiligt sind. Bild 14 zeigt das I_D (U_{DS}) und das I_D (U_{GS}) Kennlinienfeld eines kleinen n-Kanal MOSFET's zusammen mit der Rasterelektronenmikroskop-Aufnahme der Struktur. Solche kleinen MOSFET's sind die Bauelemente von integrierten MOS-Schaltungen, die heute manchmal mehrere hunderttausend solcher kleiner Transistoren besitzen. Die Kennlinien in Bild 14 wurden mit einem Curve-Tracer (Kennlinienfeldschreiber) aufgenommen. Es ist erkennbar, daß dieser MOSFET nur bis zu einer Drainspannung von etwa 10 V verwendbar ist. Über etwa 10 V werden die pentodenartigen $I_D = f (U_D)$-Kennlinien schräg. Bei etwa 15 V tritt Durchbruch auf. Die Bauelemente weisen aber bis 10 V einwandfreie Transistoreigenschaften auf. Bei kleinen Drainspannungen gleicht die Struktur einem gatespannungs-gesteuertem Widerstand, der Strom verläuft zunächst proportional mit der Spannung. Steigt die Spannung weiter an, so erreicht der Strom einen Sättigungswert und wird nahezu unabhängig von der Drainspannung. Bei höheren Spannungen tritt dann der Durchbruch auf. Der Stromfluß setzt bei einer gewissen Gatespannung, der Einsatzspannung, ein und steigt darüber hinaus mit der Gatespannung steil an, wie in Bild 15 gezeigt wird. Die Stromsättigung kommt dadurch zustande, daß im Kanal unter Einfluß des dort fließenden Stromes ein Spannungsabfall entsteht und der Spannungsunterschied zwischen Gate und Inversionsschicht in Richtung Drain kontinuierlich abnimmt. Der kleinere Spannungsunterschied bedeutet aber, daß die an die Oberfläche gesaugte Ladungsträgermenge in Richtung Drain weniger wird. Wird die Drainspannung höher als die effektive Gatespannung, gibt es eine Strecke, in der das Gatefeld die Ladungsträger sogar von

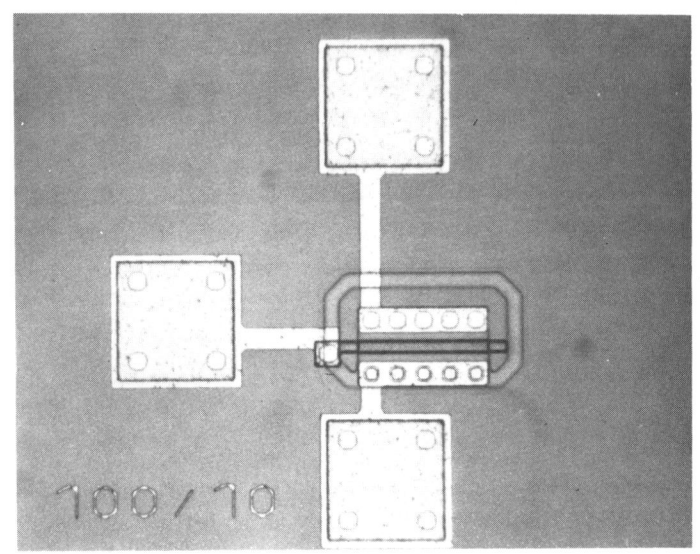

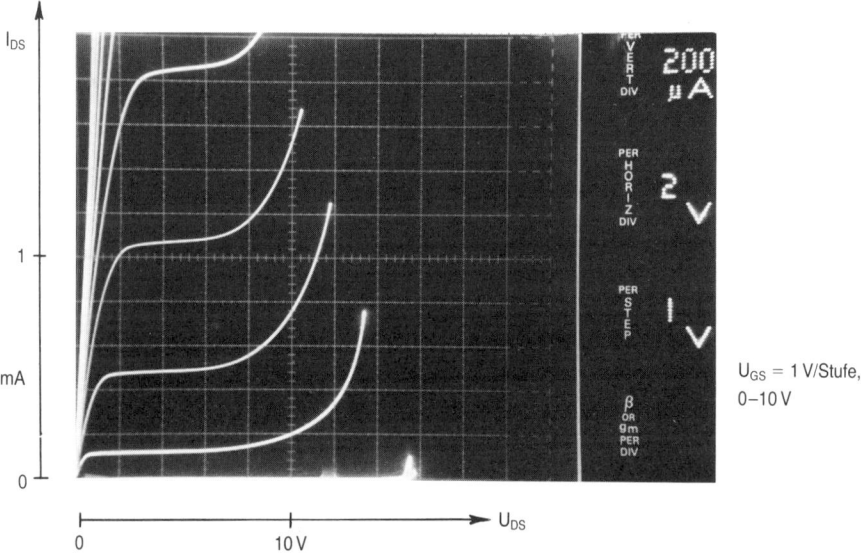

U_{GS} = 1 V/Stufe,
0–10 V

Bild 14: Aufbau und Kennlinienfeld eines MOSFET's.

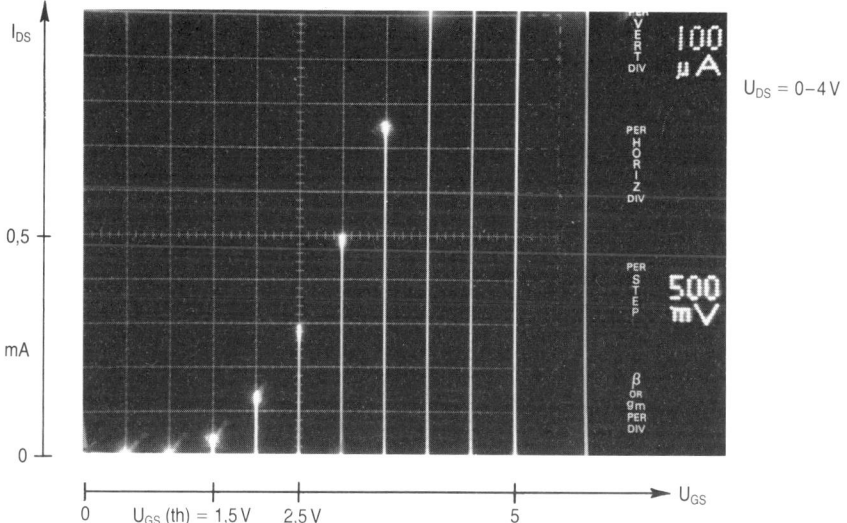

Bild 15: Kennlinien eines MOSFET's.

der Oberfläche abstößt, wie in Bild 16 illustriert wird. Das laterale elektrische Feld ist in dieser »Driftzone« so groß, daß die Ladungsträger diese mit der höchstmöglichen Geschwindigkeit von 10^7 cm/s durchlaufen können. In den Kanalbereichen, in denen die Feldstärke klein ist, haben die Ladungsträger niedrigere Geschwindigkeit. Die Ladungsträgergeschwindigkeit v ist nach (1.5) mit der Feldstärke proportional:

$$v = \mu \cdot E \tag{1.5}$$

μ steht für die »Beweglichkeit« und E für die elektrische Feldstärke. (Die Elektronenbeweglichkeit μ_n in einer n-Inversionsschicht liegt in der Gegend von 500 cm^2/Vs, die Löcherbeweglichkeit μ_p bei etwa 200 cm^2/Vs.) Der Drainstrom eines n-Kanal-MOSFET's im Triodenbereich bei $U_{DS} \ll U_{GS}$ kann nach (1.6) berechnet werden:

$$I_D = W \cdot v_n \cdot C_{ox} \cdot (U_{GS} - U_{GS(th)})$$

$$I_D = W \cdot \mu_n \cdot \frac{U_{DS}}{L} \cdot \frac{E_o E_{ox}}{D_{ox}} \cdot (U_{GS} - U_{GS(th)}) \tag{1.6}$$

23

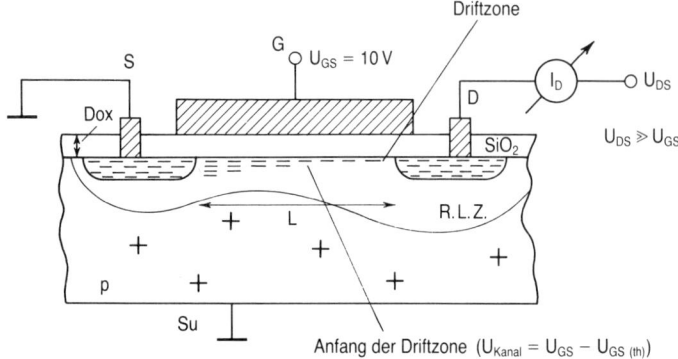

Bild 16: Stromsättigung im MOSFET.

Die Oxidkapazität berechnet sich wie folgt:

$$C_{ox} = \frac{3,45 \cdot 10^{-13}}{D_{ox}} \tag{1.7}$$

$$3,45 \cdot 10^{-13}\,[\text{F} \cdot \text{cm}^{-1}] = E_o \cdot E_{si} = 8,85 \cdot 10^{-14}\,[\text{F} \cdot \text{cm}^{-1}] \cdot 3,9$$

Um die Größenordnungen zu illustrieren, benützen wir den in Bild 14 dargestellten MOSFET, der die folgenden Daten hat:

$$L = 10\,\mu\text{m}, \; W = 100\,\mu\text{m}, \; D_{ox} = 70\,\text{nm}, \; U_{GS(th)} = 1,5\,\text{V}$$

Für $U_D = 1\,\text{V}$ und $U_{GS} = 10\,\text{V}$ ergibt sich für den Drainstrom

$$I_{DS} = 500\,\frac{\text{cm}^2}{\text{V}_S} \cdot \frac{1\,\text{V} \cdot 100 \cdot 10^{-4}\,\text{cm}}{10 \cdot 10^{-4}\,\text{cm}} \cdot \frac{3,5 \cdot 10^{-13}\,\frac{\text{As}}{\text{V}\,\text{cm}}}{7 \cdot 10^{-6}\,\text{cm}} \cdot (10\,\text{V} - 1,5\,\text{V})$$

$$= 2 \cdot 10^{-3}\,\text{A} = 2\,\text{mA}$$

Der »Einschaltwiderstand« $R_{DS(on)}$ des im Beispiel gerechneten Transistors beträgt also bei einer angenommenen Gatespannung von 10 V:

$$R_{DS(on)} = \frac{U_{DS}}{I_D} = \frac{1\,\text{V}}{2\,\text{mA}} = 500\,\text{Ohm}.$$

Für kleineren $R_{DS(on)}$, d. h. für größere Stromergiebigkeit, ist es notwendig, die Kanalweite W zu vergrößern und die Kanallänge L und die Oxiddicke D_{ox} zu reduzieren. Im Prinzip kann man MOS-Transistoren für beliebige

24

Ströme herstellen, wenn nur genügend Siliziumfläche zur Verfügung steht. Für Leistungsbauelemente sollte aber nicht nur die Stromstärke, sondern auch die Blockierspannung möglichst hoch sein, was bei den einfachen lateralen MOSFET's nicht möglich ist. Die Ursache der relativ niedrigen Drain-Durchbruchspannung ist die große Feldstärke in der Drain-Driftregion. Abhängig von Oxiddicke und Drain-Dotierungsprofil liegt die Durchbruchspannung der in IC's verwendeten lateralen MOSFET's zwischen 5–15 V, bei höheren Drainspannungen sind einfache Strukturen, wie die hier vorgestellten, nicht verwendbar. Bevor wir die Möglichkeit angeben, wie trotzdem Leistungs-MOSFET's realisiert werden können, soll noch über zwei oft gehörte Begriffe gesprochen werden.

Der diskutierte »Lateral-n-Kanal-MOSFET« ist ein »Anreicherungs(enhancement)-Typ«, da er bei $U_{GS} = 0\,V$ noch nicht leitet. Der Kanal muß zuerst durch die positive Gatespannung mit Leitungselektronen angereichert werden, um Stromfluß zu ermöglichen. Eine andere Art von n-Kanal-MOSFET's ist bei $U_{GS} = 0\,V$ bereits leitend. Hier muß eine negative Gatespannung angelegt werden, um den leitenden Kanal zu verarmen und dem Stromfluß abzusperren. Diese Transistoren heißen sinngemäß »MOSFET's vom Verarmungs(depeltion)-Typ«. Er gibt natürlich beide Arten, Anreicherungs- und Verarmungs-MOSFET in p-Kanal-Version, wobei sich die Vorzeichen der entsprechenden Spannungen umkehren.

Die lateralen MOSFET's werden hauptsächlich für IC-Anwendungen benützt. Die unkomplizierte Struktur und das einfache Herstellverfahren machen sie ideal für hochkomplexe Schaltungen. Der Trend geht in Richtung immer kleiner und kleiner werdender Abmessungen, Oxiddicken und Kanallängen. Bei heutigen Berichten ist an der Tagesordnung, daß über MOSFET's in VLSI-Schaltungen mit weniger als $1\,\mu m$ Kanallänge und geringeren Gesamtflächen als einigen zehn Quadratmicrons gesprochen wird.

Für Logikschaltungen ist nämlich die Dichte der Logikfunktionen besonders wichtig. Es ist möglich, die für eine Logikfunktion benötigte Energie noch erheblich zu senken, ohne daß Genauigkeit, Zuverlässigkeit oder Informationsfluß darunter leiden. Die Logikschaltungen werden in der Zukunft weiterhin komplexer; sie werden mehr Logikfunktionen pro Siliziumflächeneinheit, also immer mehr und kleinere MOSFET's beinhalten. Daher eignen sich die lateralen MOSFET's ausgezeichnet für diese Entwicklungsrichtung. Als Illustration für die Komplexität von modernen

MOS IC's zeigt Bild 17 einen Ausschnitt. Für die Entwicklung der MOS-FET-Technik in Richtung höherer Leistungen müßten dagegen ganz andere Wege eingeschlagen werden: Erhöhung der Stromdichte, der Blockierspannung und auch der Chipgröße.

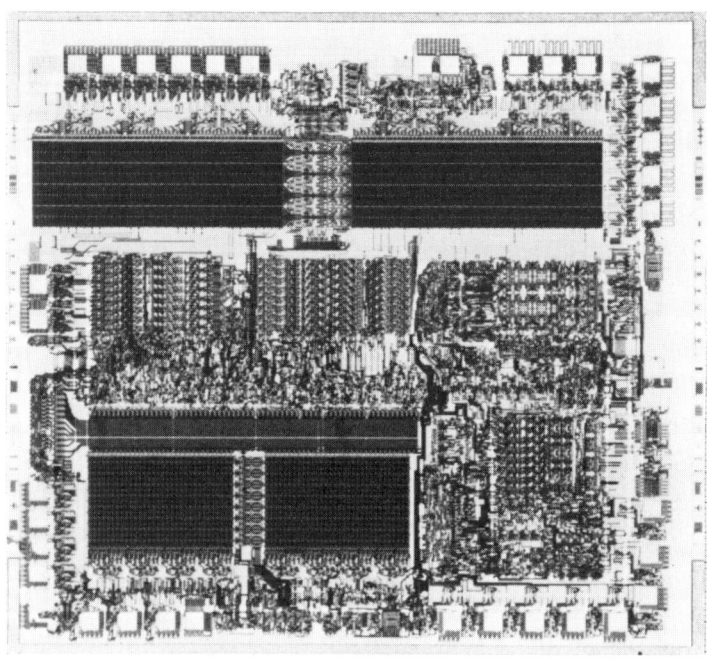

Bild 17: Chipfoto eines Mikroprozessors SAB 8051 (Siemens).

2 Entwicklungsgeschichte der vertikalen MOS-Leistungstransistoren

Dieses Kapitel soll nun die wichtigsten Überlegungen und Schritte in der Weiterentwicklung der lateralen zu den heutigen vertikalen MOS-Transistoren erläutern.

In Bild 18 und Bild 19 sind die wesentlichen Unterschiede eines in Lateral- und eines in Vertikaltechnik aufgebauten Transistors dargestellt.

Die elektrischen Eigenschaften wie Einschaltwiderstand, Maximalstrom, Steilheit und Drain-Source-Spannung können bei MOS-Tranistoren auf einfache Art durch Variation der Kanalweite W bzw. der Kanallänge L beeinflußt werden, siehe Bild 20. Die prinzipiellen Zusammenhänge für Lateraltransistoren sind vereinfacht in $(2.1) - (2.4)$ zusammengefaßt.

$$I_D \sim \frac{W}{L} \tag{2.1}$$

$$G = \frac{1}{R_{DS(on)}} \sim \frac{W}{L} \tag{2.2}$$

$$S \sim \frac{W}{L} \tag{2.3}$$

$$U_{DS} \sim L \,; D_{ox} \,; N_{D(Drain)} \tag{2.4}$$

Aus den oben dargestellten Proportionalitätsgleichungen ist zu erkennen, daß bei Leistungsbauelementen das Verhältnis $\frac{W}{L}$ für hohe Drainströme, große Steilheiten und kleine Einschaltwiderstände möglichst groß sein sollte. Große Kanalweiten W erhält man durch streifenförmig verkämmte oder mäanderförmige Strukturen. Die Forderung einer kurzen Kanallänge in $(2.1) - (2.3)$ steht nun aber der Zusammenhang aus (2.4), d.h. L proportional der Drain-Source-Spannung, entgegen. Da wir einen $p^- n^+$ Übergang vor uns haben, breitet sich die drainseitige Raumladungszone bei dem in Bild 20 gezeigten Transistor vorwiegend im p^- Gebiet aus, dessen Dotierung mit der gewünschten Einsatzspannung und der gewählten Oxiddicke festgelegt ist.

27

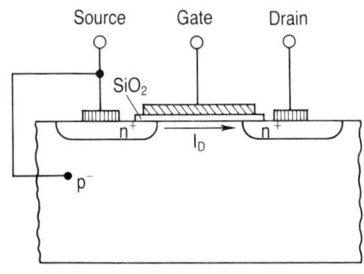

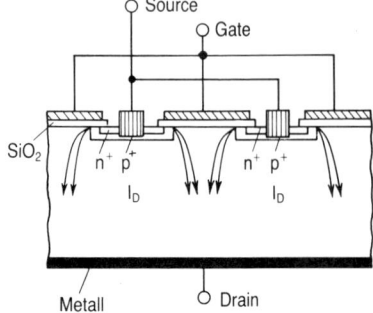

Bild 18: Lateraler MOS-Transistor.   Bild 19: Vertikaler MOS-Transistor.

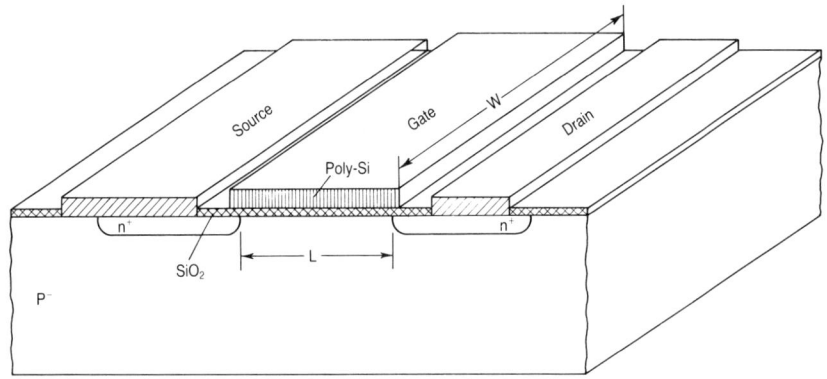

Bild 20: Aufbau eines n-Kanaltransistors. W = Kanalweite; L = Kanallänge.
Lateral-MOSFET mit n-Driftstrecke für höhere Spannungen.

Für höhere Drainspannungen benötigen wir aus den eben genannten
Gründen eine entsprechend große Kanallänge L. Ein weiterer begrenzen-
der Faktor ist die Dicke des Gate-Oxids.

Legen wir an diesen Transistor eine höhere Drain-Source-Spannung, so
entsteht, wie in Kapitel 1 bereits besprochen, an der Drain-Gate-Überlap-
pung eine hohe Feldstärke im Gate-Oxid. Um diesen Transistor auch für
höhere Spannungen verwenden zu können, ist man gezwungen, die Gate-
Oxiddicke zu erhöhen, das wiederum zu einer Verschlechterung der Werte
aus (2.1)–(2.3) führt.

Einen Lösungsweg zeigt der Aufbau nach Bild 21. Hier wurde die Dotierung des p-Gebietes etwas angehoben, das Gate-Oxid dünner gehalten und

das Draingebiet in einen schwächer dotierten (Driftzone) und einen stärker dotieren Bereich (Kontaktierung) unterteilt. Wir haben einen abrupten p-n$^-$-Übergang vor uns. Die Struktur entspricht einer Serienschaltung eines Niederspannungs-MOS-Schalters mit einer Driftstrecke. Dadurch erreicht man jetzt eine Ausbreitung der Raumladungszone im n$^-$-Gebiet und eine Reduktion der Feldstärke. Es ist nun auch möglich, die Kanallänge zu reduzieren. Diese Art von Transistoren werden oft mit unterschiedlichen Geometrien des Draingebietes (siehe Bild 22, 23) in integrierten Schaltkreisen zusammen mit Niederspannungslogik verwendet. Die Hochspannungsausgänge (bis ca. 300 V) eignen sich zur Ansteuerung von piezo-elektrischen Wandlern oder Plasmaanzeigen.

Nachteile dieser Transistoren sind zum einen der große Flächenbedarf für höhere Ströme (Kanalweite W) und höhere Spannungen (man benötigt pro 100 V Drainspannung 10 μm n$^-$-Gebiet zur Unterbringung der Raumladungszone). Zum anderen entsteht die Verlustwärme nahe an der Chipoberfläche und kann schlecht abgeführt werden.

Weitere Schritte, den durch die n$^-$-Zone hervorgerufenen Flächenverlust zu reduzieren, zeigen die Bilder 24, 25, 26, 27. Es wurde das n$^-$-Gebiet in das bisher ungenutzte Volumen des Chips verlegt. Als Träger für die dünne Epitaxieschicht dient jetzt ein niederohmiges, etwa 500 μm dickes Siliziumsubstrat. Dicke und Dotierung dieser auf das Substrat aufgewachsenen n$^-$-Schicht (Epitaxieschicht) bestimmt die Spannungsfestigkeit des Transistors. Der eigentliche »Schalter«, also der MOS-Transistor, befindet sich an der Chipoberfläche und ist streifen- oder zellenförmig aufgebaut. Die von der Drainspannung erzeugte Raumladungszone verläuft nun im Volumen des Transistorchips.

Ein Vorteil eines solchen Aufbaues ist die räumliche Trennung von Source- und Gate- zur Drainelektrode (günstig für hohe Spannungen). Außerdem besteht die Möglichkeit der Anwendung von Planartechnologien und Prozessen mit hohen Integrationsdichten, d. h. es sind große Kanalweiten möglich und dies alles nahezu unabhängig von der geforderten Drainspannung.

Ein bei vertikalen MOS-Transistoren wesentlicher Vorteil ist, daß die maximale Verlustleistung nicht in der Nähe der Zellen, sondern im Volumen des Transistors auftritt. Sie kann sich dort gut verteilen und ist über die Chiprückseite, gleichzeitig auch Drainanschluß, leicht abzuleiten. Ein positiver Temperaturkoeffizient des Drain-Source-Widerstandes wirkt

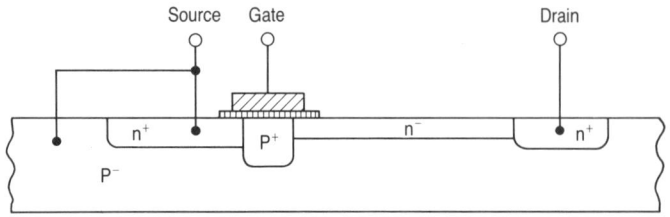

Bild 21: Lateral-MOSFET, Schnittbild

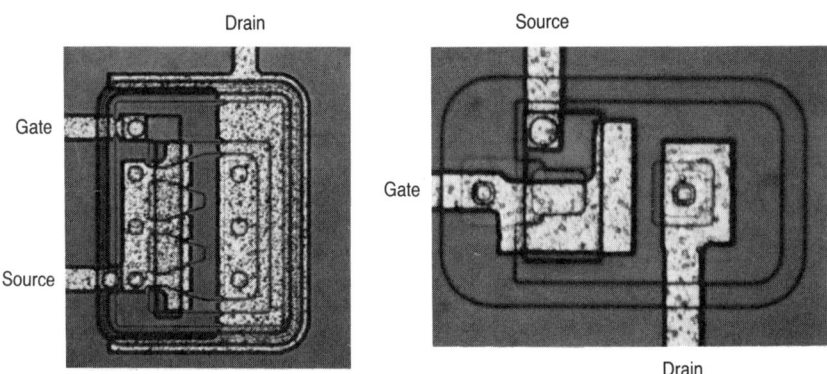

Bild 22: Lateral-MOSFET-Ausführungsbeispiel 1.

Bild 23: Lateral-MOSFET-Ausführungsbeispiel 2.

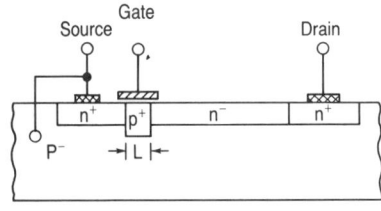

Bild 24: Lateraler MOS-Transistor mit n⁻-Driftstrecke.

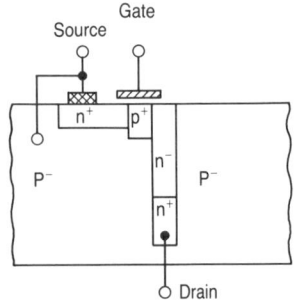

Bild 25: Verlagerung der Driftzone in das Transistorvolumen.

30

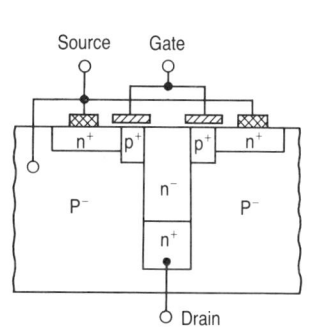

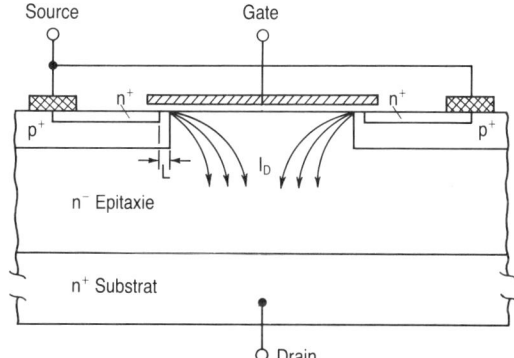

Bild 26: Erhöhung der Packungsdichte.

Bild 27: Umbildung des p^--Substrates in eine p^+-Wanne.

einer Einschnürung des Strompfades (erhöhte Leitfähigkeit des Siliziums durch Zufuhr von thermischer Energie) entgegen. So ist auch der gefürchtete zweite Durchbruch beim MOS-Transistor nicht vorhanden.

Bild 28 zeigt einen Schnitt durch einen modernen vertikalen MOS-Leistungstransistor mit vielen kleinen, hier quadratischen Transistorzellen, die durch eine Metallisierungsebene miteinander parallelgeschaltet werden. Man erreicht heute Zellendichten von 130 000 Zellen/cm^2 und damit Kanalweiten von ca. 10 m/cm^2 Chipfläche. Ein weiterer wichtiger Faktor für einen kompakten Aufbau ist die aus leitendem Polysilizium gebildete Gate-Elektrode. Sie wird vollständig im Siliziumoxid eingebettet und ist an verschiedenen Stellen über Aluminiumringe und Stege kontaktiert, siehe Bild 29. Der vertikale Aufbau in Bild 28 zeigt von unten nach oben die Metallisierung für die Drainelektrode, dann die 500 μm dicke, sehr niederohmige Substratschicht, die als Träger der Epitaxieschicht dient und die hier als Zellen ausgebildeten p-Wannen mit den darin befindlichen n-Inseln. Darüber ist die auf einer Dünnoxidschicht aufgebrachte und in Oxid eingebettete Polysilizium-Gate-Elektrode angeordnet. Die Metallisierung der Source-Elektrode schaltet die vielen tausend einzelnen Transistorzellen zu einem großen Transistor parallel. Jeder einzelne kleine MOS-Transistor hat seine Source-Elektrode an der n$^+$-Insel, die durch eine p-Wanne von der Drainelektrode getrennt wird. Erst durch eine positive Spannung an der Gate-Elektrode wird die schmale p-Barriere an der Grenzschicht zum Gate-Oxid invertiert.

31

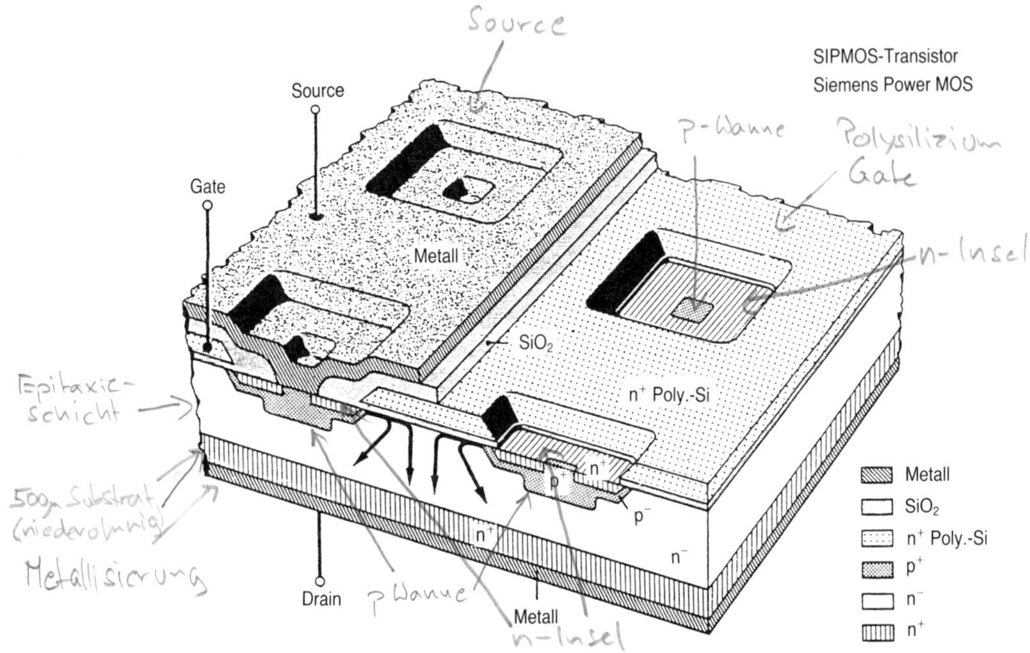

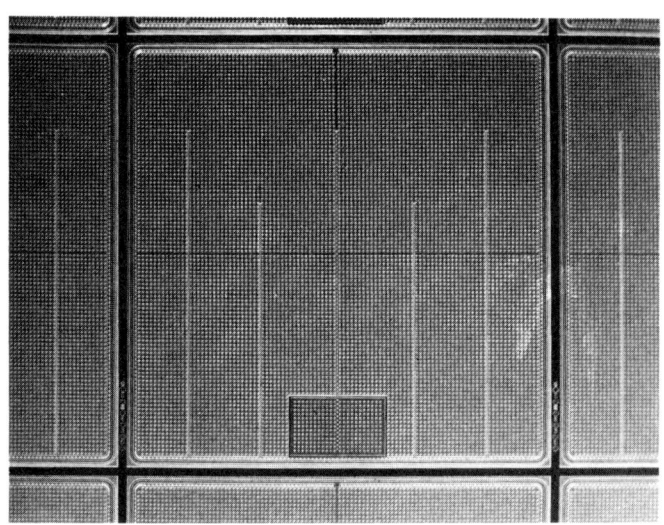

Source

Gate

Source

Metall

Epitaxie-
schicht

500μ Substrat
(niederohmig)

Metallisierung

SIPMOS-Transistor
Siemens Power MOS

p-Wanne

Polysilizium
Gate

n-Insel

SiO₂

n⁺ Poly.-Si

Drain

p Wanne

Metall

n-Insel

	Metall
	SiO₂
	n⁺ Poly.-Si
	p⁺
	n⁻
	n⁺

Bild 28: Schnittbild eines vertikalen n-Kanal-Leistungs-MOSFET's.

*Bild 29: REM (Rasterelektronenmikroskop)-Aufnahme eines 6 mm × 6 mm großen
MOS-Transistorchips.*

32

Es bildet sich ein leitender n-Kanal aus, der das n^+-Gebiet der Source mit dem n^--Gebiet des Drains leitend miteinander verbindet. Nun kann ein Stromfluß zwischen Source und Drain zustandekommen. Durch die Schichtfolge n^+-p-n^- entsteht aber auch ein parasitärer, vertikaler n-p-n-Bipolartransistor, der jedoch in voller Absicht durch die Source-Metallisierung möglichst gut kurzgeschlossen wird. Da die Source-Elektrode direkt mit der p-Wanne, d. h. mit der Basis des Bipolartransistors in Verbindung steht, wird zwischen Source und Drain eine Diode gebildet. Sie ist bei positiver Drainspannung gesperrt. Vertauscht man die Polaritäten zwischen Drain und Source (also Drain negativ und Source positiv – man spricht jetzt vom Inversbetrieb), ist diese Diode leitend. Es haben sich bei den einzelnen Herstellern von Leistungs-MOS-Transistoren verschiedene Technologien durchgesetzt, die wir jetzt näher besprechen wollen.

2.1 V-Graben MOSFET (Bild 30)

Der allgemeine Aufbau entspricht dem vorher besprochenen. Einen markanten Unterschied bildet die Gate-Elektrode. Hier wird durch anisotrope Ätzung (Ätzung in Richtung des Kristallgitters) ein V-förmiger Graben er-

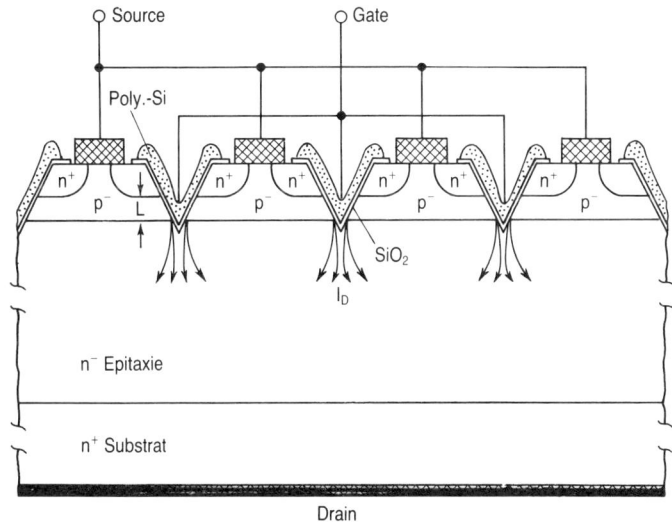

Bild 30: Aufbau eines V-Graben-MOSFET's.

33

zeugt, in dem die Gate-Elektrode aus Polysilizium oder Metall auf Siliziumoxid isoliert angeordnet ist. Der Graben ist so tief, daß er durch die n^+- und p-Schicht in das n^--Gebiet reicht. Die Kanallänge eines solchen Transistors beträgt ca. 1–2 μm und wird durch den Abstand von n^+ und n^- bestimmt.

Nachteile dieser Struktur sind nur begrenzte Bereiche für den Stromfluß zwischen Drain und Source, die nicht planare Anordnung der Struktur und die starke Abweichung von der in integrierten Schaltkreisen benutzten Herstellungstechnologie.

2.2 U-Graben MOSFET (Bild 31)

Durch vorzeitigen Abbruch der Ätzung und etwas geänderte Geometrien erhält man statt eines V-Grabens einen U-förmigen Graben. Es werden hier die Spitzen in der Gate-Elektrode entschärft und damit die hohen Feldstärken vermieden. Drainspannungen bis ca. 600 V sind herstellbar. Außerdem weist der U-förmige Graben günstigere Einschaltverhältnisse auf. Der Drainstrom kann sich über eine größere Fläche unter der Gate-

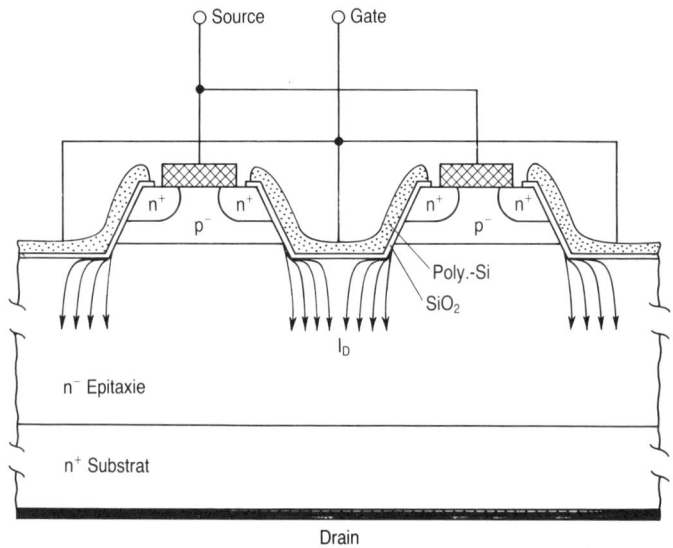

Bild 31: Aufbau eines U-Graben-MOSFET's.

34

Elektrode verteilen. Die neuesten Leistungs-MOSFET-Technologien weisen eine planare Anordnung der Gate-Elektrode auf. Dazu zählen einmal die DMOS- (Bild 32) und die SIPMOS-Technologie (Bild 28, Bild 33).

2.3 DMOS FET (Bild 32)

Der Name DMOS steht für »doppelt diffundiert« und bezieht sich auf die p^--n^+-Gebiete im Sourcebereich. Die Gate-Elektrode ist horizontal angeordnet, besteht aus Polysilizium und ist vollständig in Siliziumoxid eingebettet. Durch den Aufbau bedingt, ist der Kanal lateral angeordnet. Die Source-Elektrode kann als durchgehende Aluminiumschicht ausgebildet werden. Die Struktur ist meist zellenförmig, wobei die Form der Zellen unterschiedlich sein kann, z. B. sechseckig (Hexfet), rechteckig (TMOS), dreieckig, rund oder streifenförmig.

Durch die doppelte Diffusion erreicht man auch hier relativ kurze Kanallängen von 1–2 μm; durch Akkumulation ergibt sich eine günstige Verteilung für den Drainstrom.

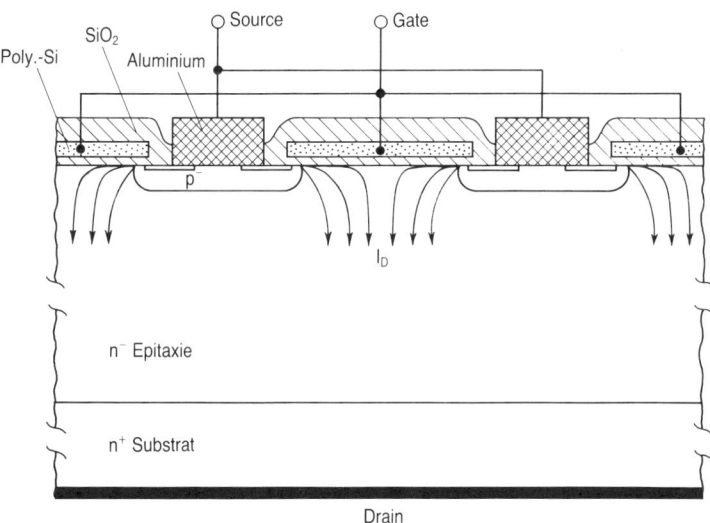

Bild 32: Aufbau eines DMOS-Transistors.

35

2.4 SIPMOS FET

Bei der SIPMOS-Technologie (SIPMOS ist ein eingetragenes Warenzeichen der Siemens AG), Bild 28, 33, auch DIMOS-Technologie (d. h. doppelt implantiert) genannt, wird die Gate-Elektrode ebenfalls horizontal angeordnet, jedoch mit abgeschrägten Kanten versehen. Dies hat mehrere Vorteile. Einmal dienen die abgeschrägten Kanten des Polysiliziumgates als selbstjustierende Implantationsmaske für das Kanalgebiet (p^-) und das Sourcegebiet (n^+). Man kann so, unabhängig von der Dotierung der p^+-Wanne, die Dotierung des Kanalgebietes p^- festlegen. Dies erlaubt in gewissen Grenzen auf einfache Art eine Variation der Einsatzspannung. Durch die getrennte Ausführung des p-Gebietes ist ein niederohmiger Kurzschluß des parasitären n-p-n-Transistors möglich. Einen weiteren Vorteil bieten die abgeschrägten Kanten des Polysiliziums. Die darüberliegende Oxidschicht und die Source-Aluminiumschicht weisen abgerundete Kanten und eine gute Bedeckung auf (keine Lunkerbildung, kein Abriß der Metallisierung). Die Kontaktierung kann direkt auf der Source-Struktur erfolgen. Da hier selbstjustierende Prozeßschritte verwendet werden und die Masken- und Justagetoleranzen wegfallen, können die Abmessun-

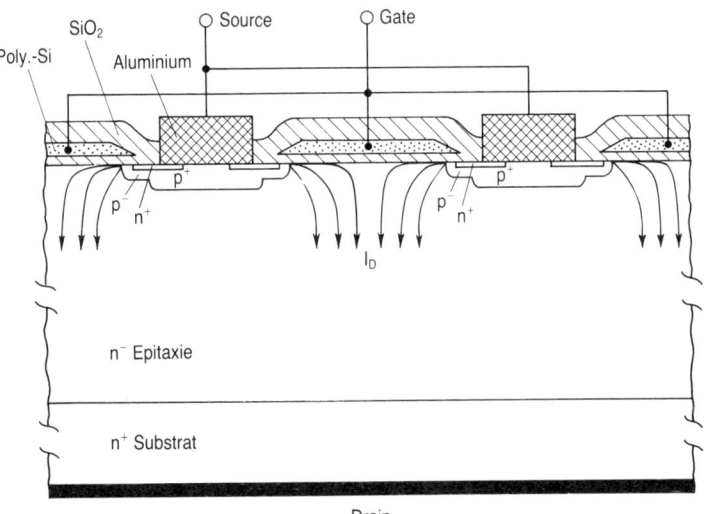

Bild 33: Aufbau eines SIPMOS-Transistors.

gen der Zellen kleingehalten und somit hohe Packungsdichten erreicht werden. Durch kurze Kanallängen (1–1,5 μm ergeben sich große $\frac{W}{L}$-Verhältnisse, was zu hohen Drainströmen, hohen Steilheiten und kleinen Einschaltwiderständen führt. Außerdem ergibt sich eine gute Flächennutzung durch die Kontaktierung der Source-Elektrode direkt im Zellenfeld (Bild 34). Folgende Tabelle gibt einen Überblick über die verschiedenen Technologien und deren Hersteller.

Technologie	Hersteller
DMOS	Ferranti, Hitachi, International Rectifier (Hexfet), Intersil, Motorola (TMOS), RCA, SGS-ATES, Solitron, SPI, Thomson CFS (EPIFET)
DIMOS	Phillips, Siemens
VMOS	Siliconix, Solitron, Supertex
UMOS	General Instruments (YMOS), SGS-ATES, Siliconix

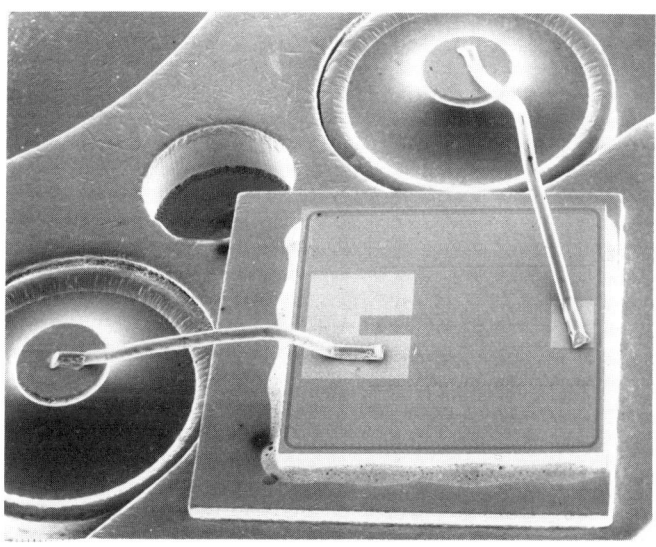

Bild 34: *REM-Aufnahme eines montierten Leistungs-MOSFET's.*

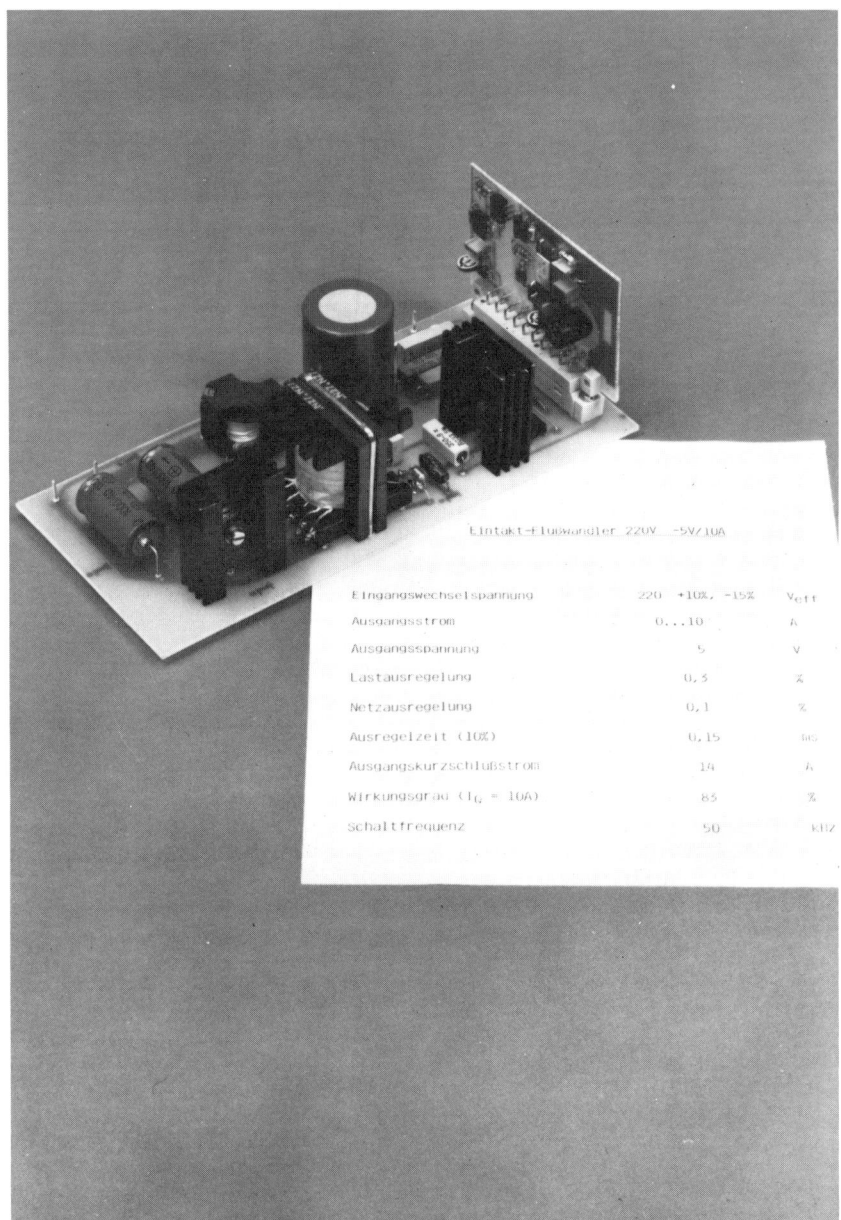

Eintakt-Flußwandler 220V / -5V/10A

Eingangswechselspannung	220 +10%, -15%	V_{eff}
Ausgangsstrom	0...10	A
Ausgangsspannung	5	V
Lastausregelung	0,5	%
Netzausregelung	0,1	%
Ausregelzeit (10%)	0,15	ms
Ausgangskurzschlußstrom	14	A
Wirkungsgrad (I_G = 10A)	85	%
Schaltfrequenz	50	kHz

3 Eigenschaften von MOS-Transistoren

Alle unterschiedlichen vertikalen Leistungs-MOSFET's, unabhängig von der Herstelltechnologie, sind im wesentlichen ähnlich aufgebaut und zeigen ähnliches elektrisches Verhalten. Im Normalbetrieb stellen sie einen mit der Gatespannung steuerbaren Schalter, im Reversebetrieb eine Diode dar. Bild 35 zeigt beide Betriebsarten. Im Vorwärtsbetrieb können hohe Sperrspannungen blockiert und große Leistungen geschaltet werden. Im Rückwärtsbetrieb zeigt der Transistor eine mit der Gatespannung beeinflußte Diodenkennlinie.

Die in den Datenbüchern angegebenen Transistorparameter werden in zwei Gruppen unterteilt: In die absoluten Grenzdaten mit der Angabe von Maximalwerten und in die Kenndaten mit den statischen und dynamischen Werten des Transistors und der Inversdiode. Zusätzlich findet man Diagramme, die weitere Informationen verschiedener Abhängigkeiten zeigen. Grenzdaten und Kenndaten unterscheiden sich dadurch, daß die Grenzdaten durch die vom Anwender bestimmten Betriebsbedingungen eingehalten werden müssen, während die Kenndaten vom Bauelement vorgegeben sind und vom Anwender nicht beeinflußt werden können.

Zu den Grenzdaten zählen die maximale Drain-Source-Spannung U_{DS}, der Drain-Gleichstrom I_D, der gepulste Drainstrom $I_{D(Puls)}$, die Gate-Source-Spannung U_{GS}, die maximale Verlustleistung P_D und der Betriebs- und Lagertemperaturbereich T_J und T_{Stg}. Die angegebenen Grenzdaten dürfen auf keinen Fall überschritten werden, auch wenn andere Parameter ihre maximalen Werte nicht erreichen oder weit darunter liegen. Dies hätte eine Zerstörung des Transistors zur Folge.

Die statischen Kenndaten beinhalten Drain-Source-Durchbruchspannung $U_{(BR)DSS}$, Gate-Schwellspannung $U_{GS(th)}$, Drain-Reststrom I_{DSS}, Gate-Source-Leckstrom I_{GSS} und Drain-Source-Einschaltwiderstand $R_{DS(on)}$. Zu den dynamischen Kenndaten zählen Übertragunssteilheit g_{fs}, Eingangskapazität C_{iss}, Einschaltzeit t_{on} und Ausschaltzeit t_{off}. Die Kenndaten der Inversdiode geben Auskunft über Gleichstrom I_{DR}, gepulsten Gleichstrom

I_{DRM}, Durchlaßspannung U_{SD}, Sperrverzögerungszeit t_{rr} und Sperrverzögerungsladung Q_{rr}.

Im folgenden werden nun einzelne Transistorparameter, ihre gegenseitige Verknüpfung und ihre Eigenschaften näher erklärt.

3.1 Drain-Source-Durchbruchspannung $U_{(BR)DSS}$ und Einschaltwiderstand $R_{DS(on)}$

Beide sind eng miteinander verknüpft, da sie von der Dicke und Dotierung der n^--Epitaxieschicht abhängig sind. Den Zusammenhang zwischen Epitaxiewiderstand R_{Epi} für eine Chipfläche von $1\,cm^2$ und der Durchbruchspannung $U_{(BR)DSS}$ im Optimalfall zeigt nach [1] die Gleichung (3.1):

$$R_{Epi} = 8{,}3 \cdot 10^{-9} \cdot U_{(BR)DSS}^{2,5} \qquad (3.1)$$

Der konstante Faktor berücksichtigt Beweglichkeit ($600\,\frac{cm^2}{Vs}$ für n-Silizium), maximale Feldstärke im Silizium ($2 \cdot 10^6$ V/cm), Dotierung und Raumladungszonenweite für Durchbruchspannungen von 200 bis 2000 V. Angestrebt wird, daß ein Bauelement, gefertigt aus einem Epitaxiematerial bestimmter Dotierung und Dicke, auch die dem Material entsprechende maximal mögliche Sperrspannung erreicht. Es muß daher vermieden werden, daß durch Oberflächeneffekte am Chiprand ein frühzeitiger Durchbruch zustande kommt.

Sehr viel Wert wird deshalb auf eine sichere Konstruktion dieses Randbereiches gelegt, da Abänderungen von Dotierung und Epidicke vom Idealwert weit höhere Einbußen im Einschaltwiderstand mit sich bringen als ein relativ geringer Flächenverlust durch eine etwas breitere Randkonstruktion.

Dem Leser wird aufgefallen sein, daß hier immer von einer Drain-Source-Durchbruchspannung die Rede ist. Die eigentliche Drain-Source-Sperrspannung, die in den Datenblättern angegeben wird, liegt meist ca. 10% unter der Durchbruchspannung, da der Hersteller Materialstreuungen und Meßtoleranzen berücksichtigen muß.

Wie man aus Bild 35 erkennen kann, verhält sich der MOS-Transistor im eingeschalteten Zustand wie ein Ohmscher Widerstand. Der Gesamtwiderstand setzt sich aus mehreren Einzelwiderständen zusammen, die jedoch für Niederspannungs- und Hochspannungstransistoren unterschiedlich ins Gewicht fallen. Bild 36 zeigt die einzelnen Teilwiderstände

40

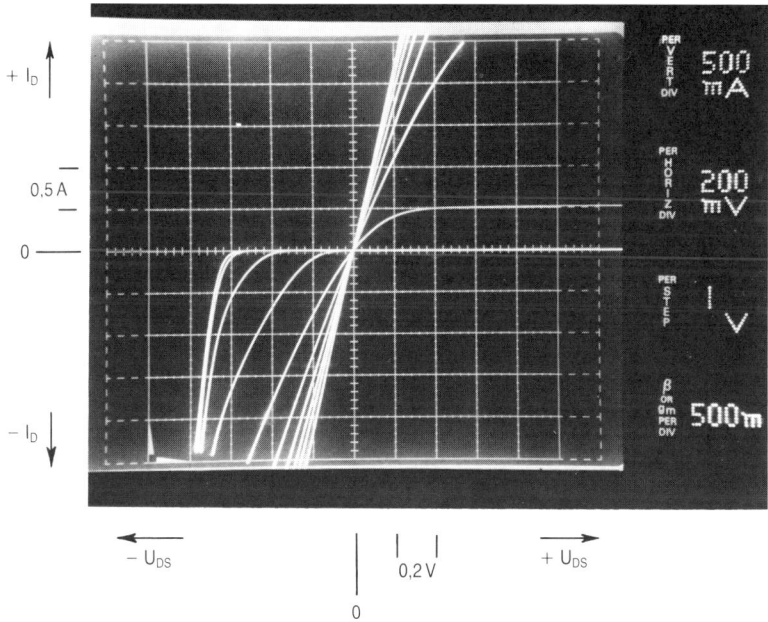

Bild 35: *Kennlinienfeld eines vertikalen n-Kanal Leistungs-MOS-Transistors.*

und ihre Anordnung im Schnittbild der Transistorstruktur. Für Transistoren mit Durchbruchspannungen bis zu 100 V, die Einschaltwiderstände von kleiner 30 mΩ erreichen können, sind natürlich auch Montagewiderstände, wie Gehäuse-, Bonddraht- und Metallisierungswiderstände sowie Übergangswiderstände der Lötung oder Klebung und der Substratwiderstand von nicht allzu geringer Bedeutung. Die Widerstände der Zelle, der Kontaktlochwiderstand, der Source-Serienwiderstand und der Kanalwiderstand verringern sich mit der Anzahl der parallelgeschalteten Einzelzellen. Der Widerstand der n^--Epitaxieschicht beträgt zwar bei diesen Transistoren nur wenige Milliohm, doch muß auch hier darauf geachtet werden, diesen Anteil so klein wie möglich zu halten. Mit steigender Sperrspannung wächst dann der Epitaxiewiderstand rasch an und wird bei höhersperrenden Bauelementen ausschlaggebend.

Zusammenfassend kann man sagen: Für niedrigsperrende Transistoren ist es wichtig, die Zellenwiderstände und den Kanalwiderstand durch hohe Packungsdichte der Zellen (große Kanalweiten) klein zu halten. Für höher-

41

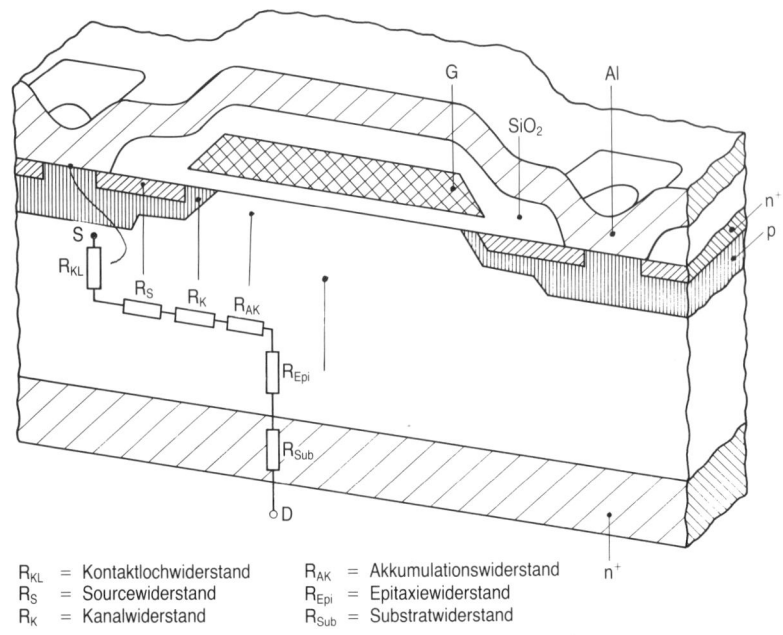

R_{KL}	= Kontaktlochwiderstand	R_{AK}	= Akkumulationswiderstand	n^+
R_S	= Sourcewiderstand	R_{Epi}	= Epitaxiewiderstand	
R_K	= Kanalwiderstand	R_{Sub}	= Substratwiderstand	

Bild 36: Teilwiderstände des gesamten Einschaltwiderstandes und ihre Zuordnung zur Struktur.

sperrende Transistoren muß für eine möglichst großflächige Kontaktierung der Epitaxieschicht, d. h. für eine großflächige Verteilung des Drainstromes und für eine Optimierung der Epitaxie gesorgt werden.

Vergleicht man nun das Verhalten eines MOS-Transistors im eingeschalteten Zustand mit dem Verhalten eines Bipolartransistors, so weist der MOSFET die Ohmsche Kennlinie (Bild 37) und der Bipolartransistor eine Sättigungskennlinie auf, siehe Bild 38.

Das Einschaltverhalten des MOS-Transistors entspricht dem Übergang in das Quasisättigungsverhalten eines Bipolartransistors. Erst die zusätzliche Injektion von Löchern in die n^--Epitaxieschicht bewirkt bei bipolaren Bauelementen den Übergang in die Sättigung; die Epitaxieschicht wird niederohmiger. Allerdings erkauft man sich das günstige Verhalten im eingeschalteten Zustand mit Speicherladung im Bauelement. Diese gespeicherte Ladungsmenge ist temperaturabhängig und muß beim Abschalten aus dem Bauelement entfernt werden. Wie wir wissen, bringt dies so

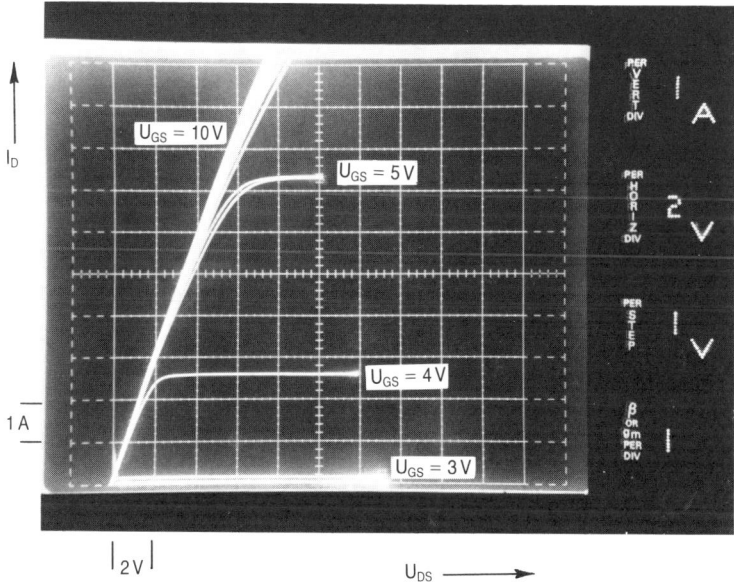

Bild 37: Einschaltverhalten eines MOS-Transistors.

manche Probleme mit sich. Eng damit gekoppelt ist auch das Verhalten im zweiten Durchbruch. Durch lokale Erhitzung des p^+-n^--Überganges, ausgelöst durch eine Einschnürung des Strompfades im Kollektorkreis, löst sich ein irreversibler Prozeß aus. Der erhitzte Strompfad wird noch niederohmiger, und der Strom wächst an diesem Punkt weiter an. Diese Nachteile sind beim MOS-Transistor nicht vorhanden. Der Epitaxiewiderstand weist einen positiven Temperaturkoeffizienten auf. Der Wert des Temperaturkoeffizienten ist abhängig von der maximalen Sperrspannung des Transistors und beträgt ungefähr

$$T_{KR(on)} \sim 6-9 \cdot 10^{-3}/\,^\circ C$$

Man berechnet den Widerstand des erwärmten Transistors nach (3.2):

$$R_{WARM} = R_{25} \cdot (1 + \triangle T \cdot T_{KR(on)}) \tag{3.2}$$

Als Faustformel gilt auch

$$R_{125} \simeq R_{25} \cdot 2 \tag{3.3}$$

43

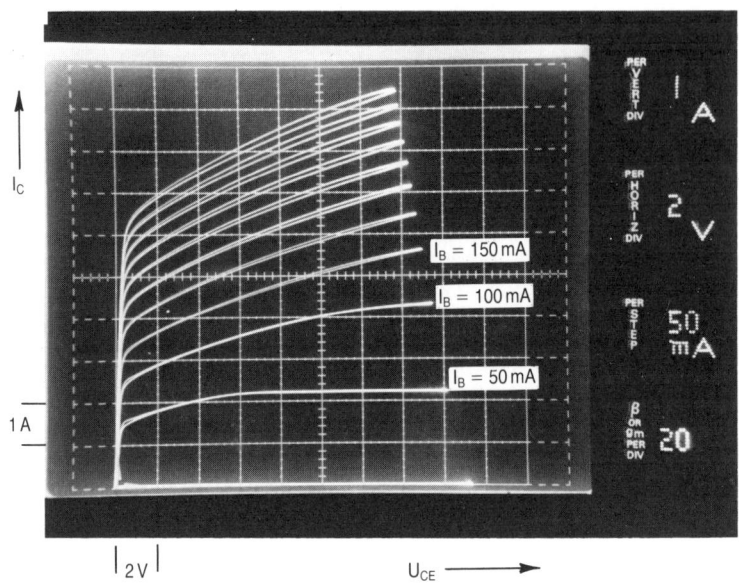

Bild 38: Einschaltverhalten eines Bipolartransistors.

Genauere Angaben findet man in Datenblättern, meist in Form von normierten Diagrammen, siehe Bild 39.

Durch das positive Temperaturverhalten ist es möglich, unter Berücksichtigung der auftretenden Verlustleistung, den vollen Arbeitsbereich des Ausgangskennlinienfeldes, d. h. maximal zulässiger Strom bei max. zulässiger Spannung, auszunutzen, siehe Bild 40.

Man könnte nun annehmen, daß das ohmsche Verhalten des MOS-Transistors im eingeschalteten Zustand Nachteile gegenüber dem Bipolartransistor mit sich bringt. Dies ist jedoch nur bei höhersperrenden Bauelementen der Fall, da hier der Einschaltwiderstand für einen 1000-V-Transistor 1–3 Ohm betragen kann. Stellt man dem jedoch die Vorteile, wie geringe Schaltverluste, erweiterter Arbeitsbereich, Fehlen der Speicherzeit, hohe Schaltfrequenz und einfache Ansteuerbarkeit entgegen, so ist es eine Sache der genauen Kalkulation, welches Bauelement für einen gegebenen Einsatzfall günstiger ist. Ganz klare Vorteile bieten aber MOSFET's

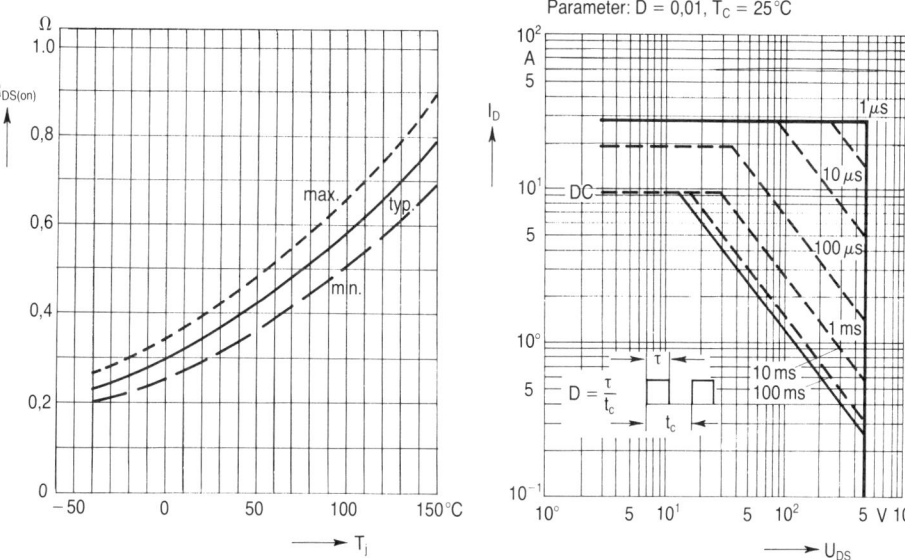

Bild 39: *Abhängigkeit eines Einschaltwiderstandes $R_{DS(on)}$ von der Kristalltemperatur T_J.*

Bild 40: *Beispiel des zulässigen Betriebsbereiches eines MOS-Transistors.*

mit Sperrspannungen von kleiner 200 V. Hier erreichen die Drain-Source-Spannungsabfälle kleinere Werte, als dies bei einer Sättigungskennlinie möglich ist.

Soll der Einschaltwiderstand eines MOS-Transistors bestimmt werden, so kann dies mit dem Kennlinienschreiber (Bild 41) geschehen. Wichtig ist hier, daß Impulsbetrieb verwendet wird, um eine Erwärmung des Bauelementes zu vermeiden. Gemessen wird allgemein bei halbem Nennstrom und bei einer Gate-Source-Spannung von 10 V. Für sehr niederohmige Transistoren sind zur Messung Potentialabgriffe für die Drain-Source-Spannung notwendig. Einen ganz einfachen Meßaufbau zeigt Bild 42. Es kann hier mit einer 9-V-Batterie und einem Ohmmeter der Einschaltwiderstand annähernd bestimmt werden.

Kommen wir noch einmal auf die Sperrspannung eines MOSFET's zu sprechen. Welche Parameter sie bestimmen, haben wir bereits eingangs besprochen. Stellen wir nun wieder einen Vergleich mit Bipolartransisto-

45

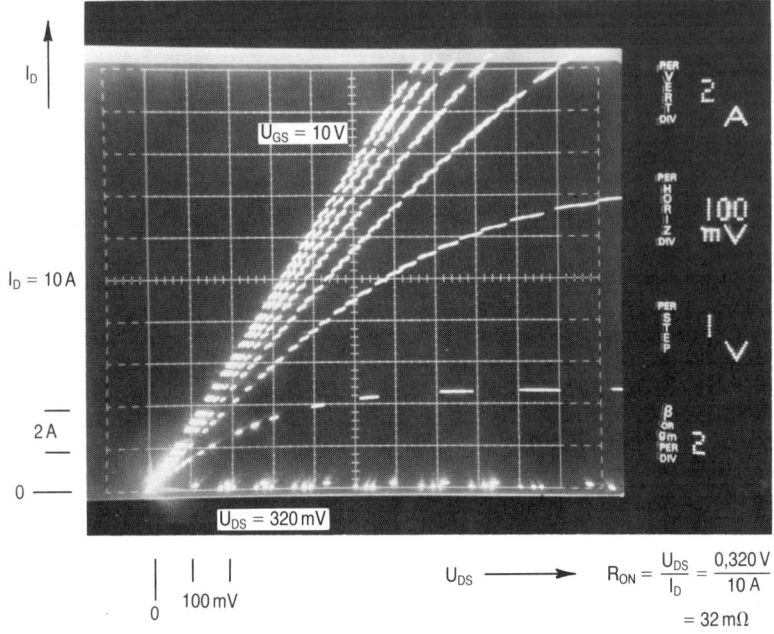

Bild 41: *Kennlinienfeld zur Bestimmung des Einschaltwiderstandes.*

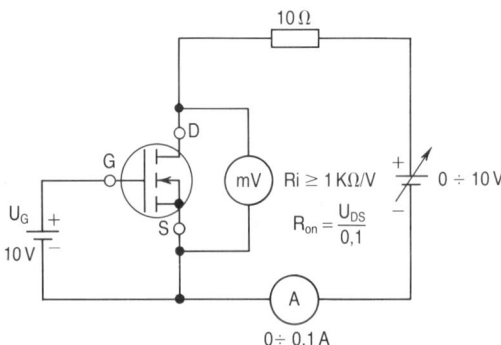

Bild 42: *Einfache Meßschaltung zur Bestimmung des Einschaltwiderstandes.*

46

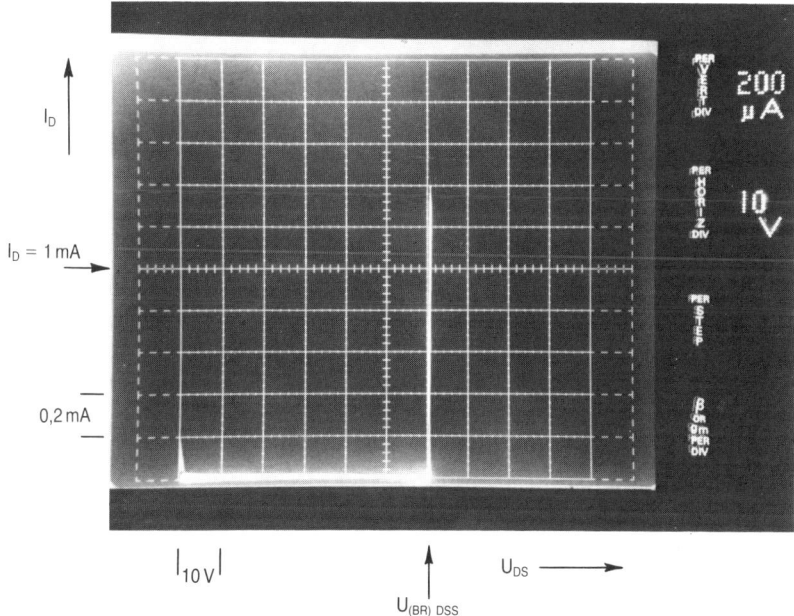

Bild 43: Oszillogramm der Durchbruchspannung eines MOS-Transistors.

ren an. Wir unterscheiden hier eine Kollektor-Emitter-Spannung mit Basis-Emitter-Kurzschluß U_{CES}, mit Basis-Emitter-Widerstand U_{CER} und eine Kollektor-Basis-Sperrspannung U_{CBO}. U_{CES} ist die Sperrspannung, die der Durchbruchspannung $U_{(BR)DSS}$ eines MOSFET's entspricht. Beim MOSFET wird ja das p^+-n^+-Gebiet, also Basis und Emitter des parasitären Bipolartransistors, absichtlich kurzgeschlossen. Daher ist bei einem MOS-Transistor die Definition von nur einer maximalen Sperrspannung sinnvoll. Will man die Durchbruchspannung eines Bauelementes bestimmen, so erfolgt dies, je nach Spannung, mit einem Serienwiderstand von ca. $10\,k\Omega$ bis $300\,k\Omega$ zum Drainanschluß, um die Verlustleistung zu begrenzen. Gate wird mit Source kurzgeschlossen. Der Durchbruchstrom kann bis zu $I_D = 1\,mA$ betragen. Bild 43 zeigt eine Messung mit einem Kennlinienschreiber. Eine einfache Meßschaltung zeigt Bild 44. Wird hier eine Gleichspannungsquelle für die Drain-Source-Spannung verwendet, dann ist auf die hohen Spannungen zu achten und die Messung immer nur kurzzeitig durchzuführen. Erwärmt sich das Bauelement, so erhält man falsche

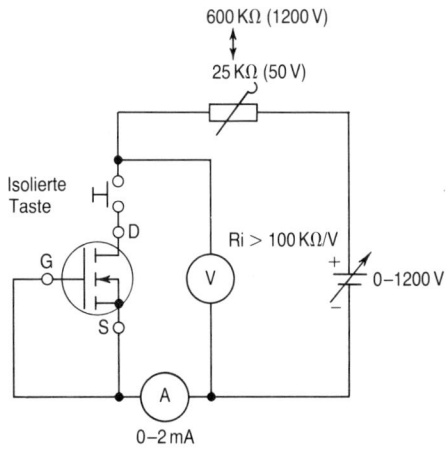

600 KΩ (1200 V)
↕
25 KΩ (50 V)

Isolierte Taste

Ri > 100 KΩ/V

0–1200 V

0–2 mA

Bild 44: Einfache Meßschaltung zur Bestimmung der Durchbruchspannung.

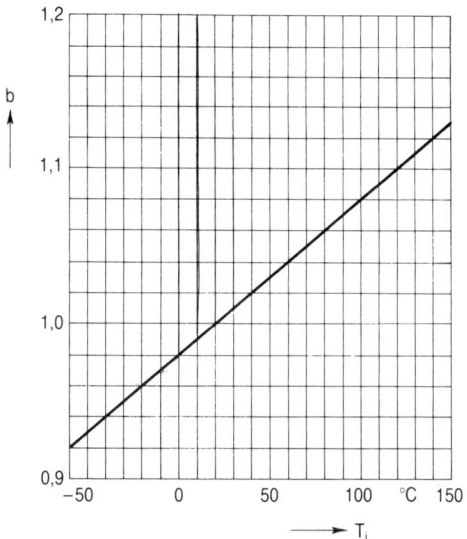

Bild 45: Abhängigkeit der Durchbruchspannung von der Temperatur.

Werte, da auch die Sperrspannung einen positiven Temperaturkoeffizienten aufweist. Es wird oft ein Diagramm, wie Bild 45 zeigt, angegeben. In diesem Diagramm ist in Abhängigkeit von der Chiptemperatur eine Konstante b aufgetragen. Es besteht folgender Zusammenhang:

$$U_{(BR)DSS}(T_J) = b \cdot U_{(BR)DSS}(25\,°C) \tag{3.4}$$

T_J ....Chiptemperatur [°C]
$U_{(BR)DSS}(25\,°C)$ ......Durchbruchspannung bei 25 °C [V]
(meist der angegebene Datenblattwert)

Als einfache Merkregel kann man folgende Beziehung ansetzen:

$$U_{(BR)DSS}(125\,°C) \simeq 1{,}1 \cdot U_{(BR)DSS}(25\,°C) \tag{3.5}$$

Die zur Sperrspannung gehörenden Sperrströme verhalten sich wie Sperrströme von Siliziumdioden. Allgemein liegt das Sperrstromniveau sehr niedrig, so daß auch bei hochsperrenden Bauelementen keine nennenswerten Verlustleistungen auftreten. Der Sperrstrom I_{DSS} zeigt ein exponentielles Verhalten mit der Temperatur. Auch hier wieder eine Näherung für die Praxis

$$I_{DSS}(125\,°C) \simeq 2 \cdot I_{DSS}(25\,°C) \tag{3.6}$$

3.2 Gate-Source-Spannung U_{GS}

Um den Transistor anzusteuern, wird eine Gate-Source-Spannung benötigt. Da die Gate-Elektrode eines MOSFET's, die ja aus leitendem Polysilizium besteht, völlig im Siliziumoxid eingebettet ist, nimmt der Eingangswiderstand theoretisch Werte von einigen tausend Giga-Ohm an. Der Eingang erscheint nahezu rein kapazitiv. Die maximale Spannung, die an die Eingangsklemme Gate-Source angelegt werden darf, hängt von der maximalen Feldstärke von $E_{max} \simeq 10^7$ V/cm, die in der Oxidschicht auftreten darf, und von der Dicke dieser Oxidschicht ab. Je nach Technologie werden Oxiddicken von 50–200 nm verwendet. Die Polarität der erlaubten Gatespannung ist symmetrisch und wird bei den meisten Herstellern mit ±20 V angegeben. Der MOS-Leistungstransistor kann durch ein Spannungssignal gesteuert werden, da sein Eingang kapazitiv ist. Im Gegensatz zu den Bipolartransistoren ist kein kontinuierlicher Steuerstrom, sondern eine Steuerspannung mit kurzen kapazitiven Ladeströmen notwendig. Wichtig ist, daß die maximale Gate-Source-Spannung auf keinen Fall, auch nicht kurzzeitig, überschritten werden darf. Eine unzulässige Überspannung an der Gate-Elektrode kann entweder irreversible Veränderungen in der Oxidschicht oder sogar die Zerstörung der Oxidschicht und damit den Ausfall des Transistors zur Folge haben. Wenn als Schutz für die Eingangselektrode ein begrenzendes Element (meist eine Zenerdiode) mitintegriert wird, dann wird die Gate-Spannung durch die Zenerdiode in der einen Richtung und durch die Diodenschwellspannung in der anderen Richtung begrenzt. Dies bereitet beim schnellen Abschalten gewisse Probleme, wie dies im Kapitel Schaltverhalten noch näher erläutert wird.

Die eben erwähnten Schutzstrukturen findet man vorwiegend bei Bauelementen mit geringer Chipfläche, also bei Kleinsignal-MOSFET's oder Hochfrequenz-MOSFET's. Die Eingangskapazitäten sind hier nur sehr klein und können sich relativ leicht durch statische Elektrizität auf hohe, weit über die maximal zulässige Oxid-Durchbruchspannung reichende Werte aufladen. Für größere Chipflächen, wie dies bei Leistungs-MOSFET's üblich ist, genügt die relativ große Eingangskapazität als Schutz. Trotzdem sollten immer die entsprechenden Vorsichtsmaßnahmen für den Umgang mit MOS-Transistoren beachtet werden, wie sie in den Datenbüchern angeführt sind.

3.3 Der Gate-Source-Reststrom I_{GS}

Er liegt bei MOSFET's im Bereich von 10^{-12} bis 10^{-14} A und wird überwiegend durch Oberflächenkriechströme an Gehäuse und Transistorchip verursacht. Eine Messung ist sehr kritisch und kann nur mit speziellen Meßgeräten und mit einem gegen Störungen (wie z. B. Hochfrequenz, magnetische Streufelder, Netzspitzen) völlig abgeschirmten Meßkreis genau durchgeführt werden. In der Praxis hat sich auch die Überprüfung der Gate-Source-Strecke mit dem Ohmmeter bewährt. Es ist jedoch darauf zu achten, daß die maximal zugelassene Gate-Source-Spannung nicht überschritten wird. Hier sei noch auf den später vorgestellten Funktionstester hingewiesen, der mit einfachen Mitteln erlaubt, einen Gate-Test durchzuführen. Genauere Hinweise über das Einschaltverhalten des Transistors gibt der Parameter.

50

3.4 Einsatzspannung U$_{GS(th)}$

Als Einsatzspannung wird jener Wert der Gate-Spannung angegeben, bei der ein bestimmter Drainstrom fließt, z. B. I_D = 10 mA. Für die Messung wird Gate mit Drain kurzgeschlossen, d. h. U_{DS} = U_{GS}. Bild 46 zeigt eine Messung mit dem Kennlinienschreiber. Bild 47 stellt einen einfachen Meß-aufbau dar, mit dem die Werte ebenfalls bestimmt werden können. Übliche Werte für Einsatzspannungen von Leistungs-MOSFET's liegen zwischen 2 V und 5 V.

Für diese Messung kann auch aushilfsweise der Meßkreis aus Bild 44 herangezogen werden. Die Meßbedingung ist nach Bild 47 zu wählen (Gate mit Drain kurzgeschlossen). Der Vor-widerstand beträgt 25 kΩ. Nie den MOSFET unter Spannung an den Meßaufbau an-schließen!

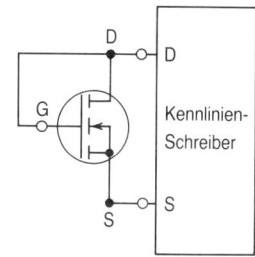

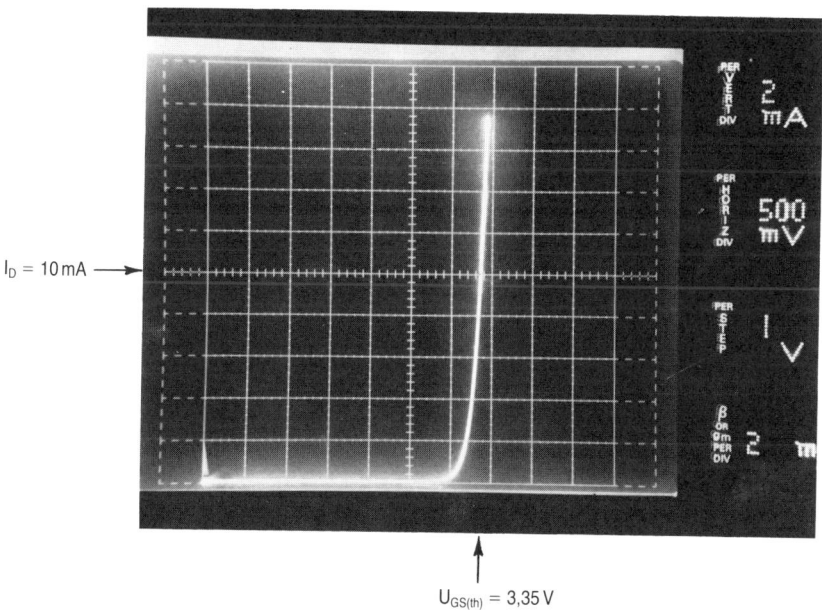

Bild 46: Bestimmung der Einsatzspannung mit dem Kennlinienschreiber.

51

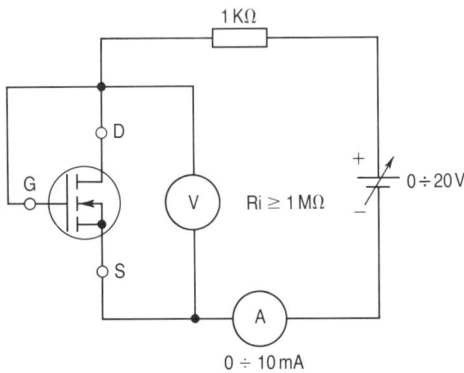

Bild 47: Meßaufbau zur Bestimmung der Einsatzspannung.

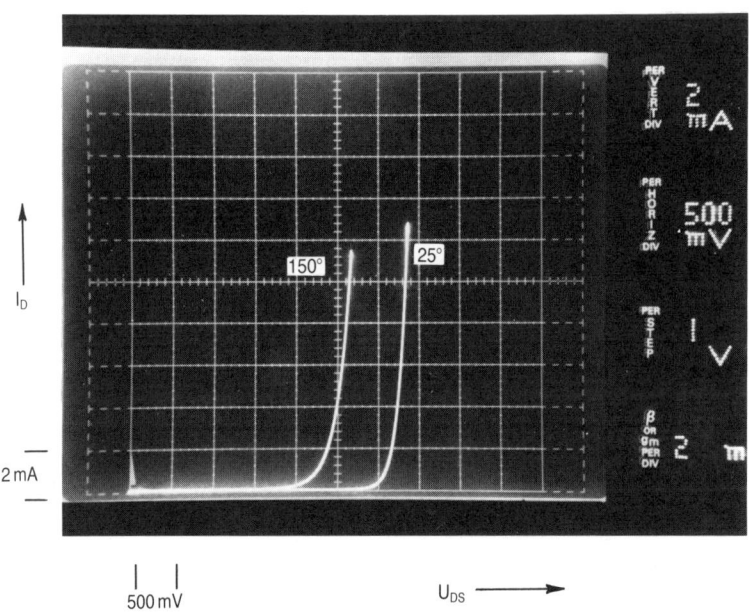

Bild 48: Temperaturabhängigkeit der Einsatzspannung.

Die Einsatzspannung, die durch physikalische und Technologie-Parameter bestimmt wird, zeigt eine Temperaturabhängigkeit. Der negative Temperaturkoeffizient beträgt

$$T_{KU(th)} \simeq -(4-6)\,mV/°C \tag{3.7}$$

Der Wert der Einsatzspannung kann durch technologische Maßnahmen für normale MOSFET's frei gewählt und, z. B. bei einem n-Kanaltransistor, von negativen bis zu positiven Werten eingestellt werden. Wir unterscheiden deshalb Depletion- und Enhancement-Transistoren. Depletion-Transistoren sind bei Gate-Spannung U_{GS} = 0 V bereits eingeschaltet. Um Enhancement-Transistoren einzuschalten, benötigt man eine Gate-Spannung, die größer gleich der Einsatzspannung ist. Alle bisher erklärten Leistungs-MOSFET's sind vom Enhancementtyp. Bild 48 zeigt die Temperaturabhängigkeit der Einsatzspannung, gemessen bei 25 °C und bei 150 °C.

3.5 Drainstrom I_{DS}

In den Datenblättern wird ein maximaler Dauer-Drain-Gleichstrom I_D und ein gepulster Drainstrom $I_{D(Puls)}$ angegeben. Der größtmögliche zulässige Dauer-Drainstrom ist abhängig von der maximalen Verlustleistung und berechnet sich aus der Temperaturdifferenz Kristall zu Gehäuse, dem gesamten thermischen Übergangswiderstand R_{th} und dem Einschaltwiderstand des Transistors bei maximaler Kristalltemperatur. Den Zusammenhang gibt (3.8) wieder. Bei dieser Berechnung wird nur die Eigenschaft des Siliziumplättchens betrachtet.

$$I_{D\,max} = \sqrt{\dfrac{\dfrac{T_J - T_C}{R_{thJC}}}{R_{on\,WARM}}} \tag{3.8}$$

T_J = max. Kristalltemperatur [°C]
T_C = Gehäusetemperatur [°C]
$R_{th\,JC}$ = Wärmewiderstand Kristallgehäuse [°C · W^{-1}]
$R_{on\,WARM}$ = R_{on} bei T_J [Ohm]

53

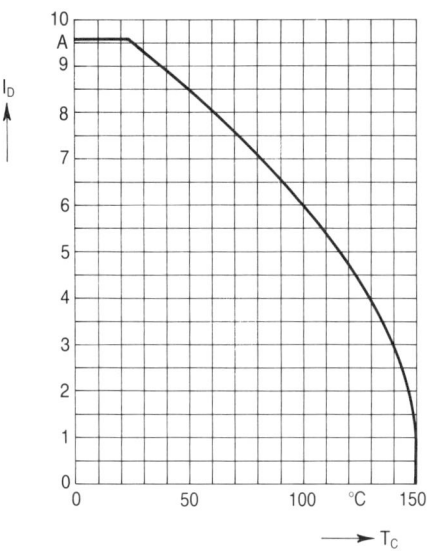

Bild 49: Abhängigkeit des maximalen Drainstromes von der Gehäusetemperatur.

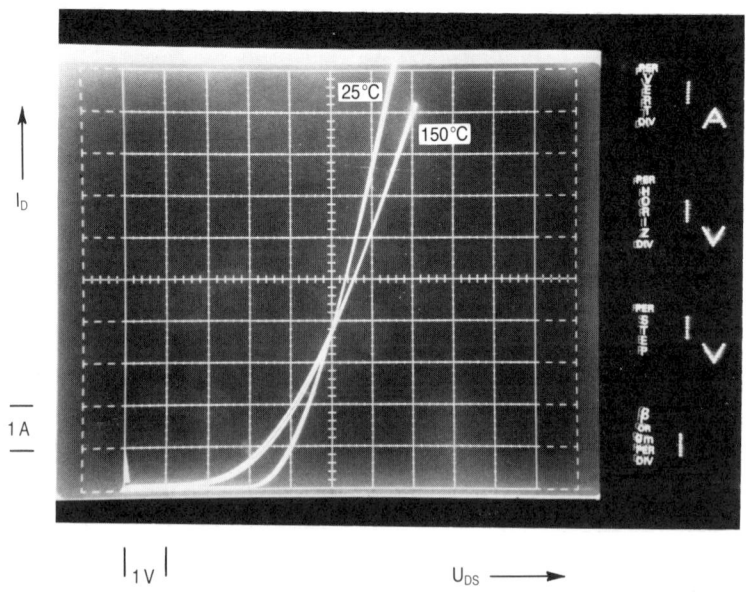

Bild 50: Temperaturabhängigkeit des Drainstromes.

54

Zusätzliche Begrenzungen stellen Bonddrahtstärke, Chipdesign und Montage dar. Der Transistor selbst kann meist wesentlich höhere Ströme schalten, wie dies auch aus der Angabe des gepulsten Drainstromes hervorgeht. Meist enthalten die Datenblätter ein Diagramm, das Auskunft über die Abhängigkeit des erlaubten Drainstromes von der Chiptemperatur gibt. Wie man aus Bild 49 ersehen kann, findet eine kräftige Reduktion des Stromes mit steigender Chiptemperatur statt. Der Drainstrom besitzt durch seine Abhängigkeit von der Einsatzspannung und die im Halbleiter existierende Beweglichkeit der Ladungsträger ebenfalls einen Temperaturkoeffizienten T_{KID}. Er kann positiv, null oder negativ sein.

Trägt man in ein Diagramm $I_D = f(U_{GS})|U_{DS}$ ein, d. h. den Drainstrom über der Gate-Spannung bei konstanter Drain-Source-Spannung, so erhält man die Übertragungs- oder Transferkennlinie. In diesem Diagramm kann sehr gut das Verhalten von Einsatzspannung und Drainstrom mit der Temperatur beobachtet werden. Bild 50 zeigt die Kennlinie, aufgenommen bei 25 °C und bei 150 °C. Man erkennt den Bereich $T_{KID} = 0$ im Schnittpunkt der beiden Kennlinien. Oberhalb des Schnittpunktes ist der Temperaturkoeffizient negativ, verursacht durch die sinkende Beweglichkeit der Ladungsträger bei höheren Temperaturen. Unterhalb ist er positiv, da der Einfluß der Einsatzspannung wirksam wird. Im Schnittpunkt der Kurven kompensieren sich dann beide Effekte.

Aus dem gleichen Diagramm, jedoch in gepulster Darstellung und für höhere Ströme, läßt sich die Steilheit des Transistors bestimmen.

3.6 Steilheit g_{fs}

Sie ist definiert als die Drainstromänderung $\triangle I_D$ für eine Gate-Spannungsänderung $\triangle U_{GS}$ bei einer konstanten Drain-Source-Spannung. Bild 51 zeigt ein entsprechendes Kennlinienfeld. Eine weitere Möglichkeit zur Bestimmung der Steilheit bietet das Ausgangskennlinienfeld $I_D = f(U_{DS})|U_G$, wie in Bild 52 dargestellt. Hier wird für eine konstante Drainspannung die Drainstromänderung für einen Gatespannungssprung von z. B. 1 V abgelesen und der Steilheitswert berechnet. Die Steilheitswerte steigen bei einem MOSFET ständig an, bis ein Sättigungswert erreicht wird. Bild 53 zeigt ein entsprechendes Diagramm aus den Datenblättern. Vergleicht man dieses Verhalten mit Bipolartransistoren, so weisen diese bei höheren Kollektorströmen einen Verlust der Verstärkung auf. Dies ist bei MOSFET's, wie man sieht, nicht der Fall.

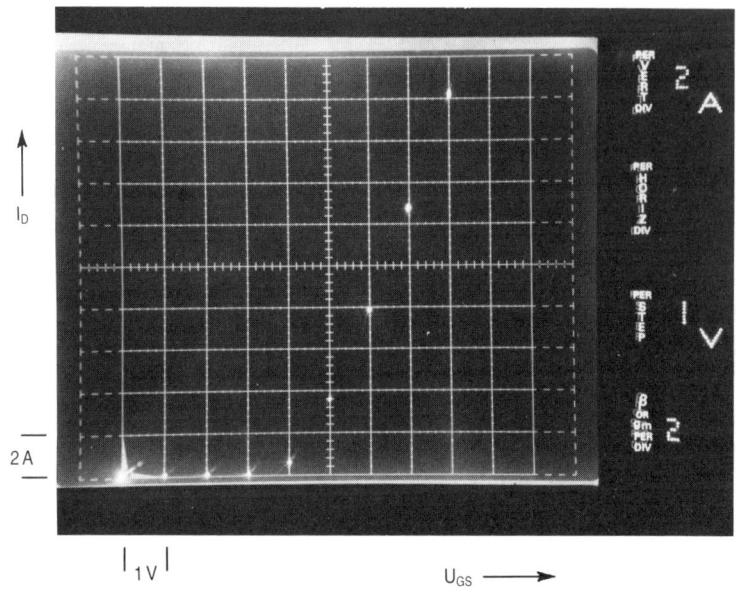

Oszillogramm aufgezeichnet mit 300 μs Impulsen

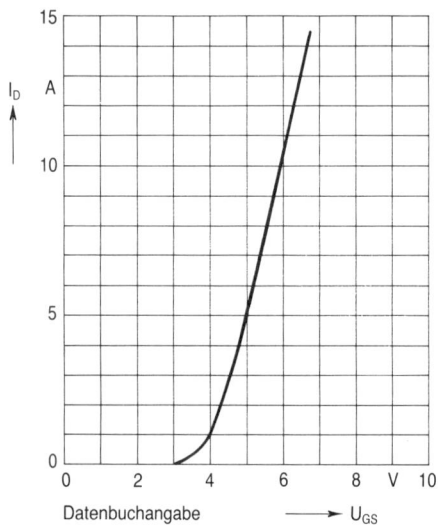

Datenbuchangabe   ⟶ U_{GS}

Bild 51: *Überschlagsmäßige Bestimmung der Steilheit aus dem Kennlinienfeld* $I_D = f(U_{GS})/U_{DS}$.

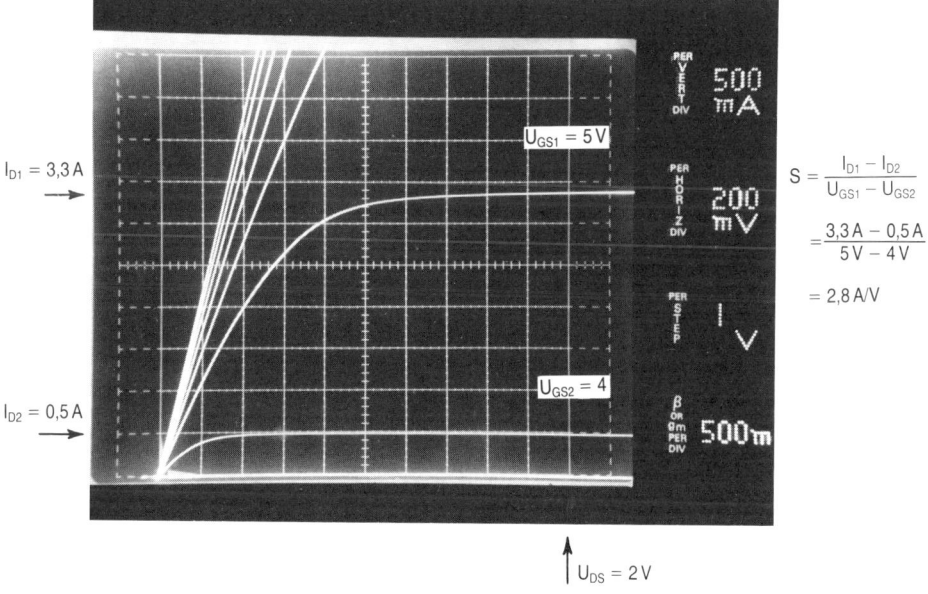

$I_{D1} = 3,3\,A$

$U_{GS1} = 5\,V$

$I_{D2} = 0,5\,A$

$U_{GS2} = 4$

$U_{DS} = 2\,V$

$$S = \frac{I_{D1} - I_{D2}}{U_{GS1} - U_{GS2}}$$

$$= \frac{3,3\,A - 0,5\,A}{5\,V - 4\,V}$$

$$= 2,8\,A/V$$

Bild 52: Bestimmung der Steilheit aus dem Ausgangskennlinienfeld.

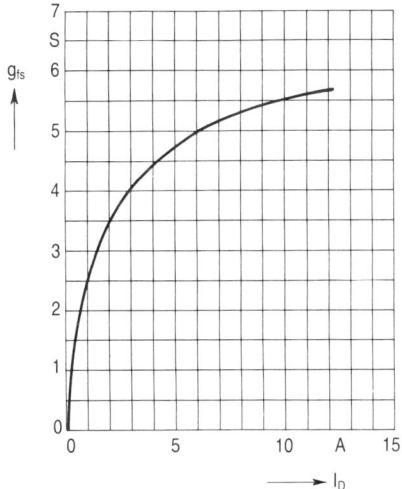

Bild 53: Typisches Diagramm für die Übertragungssteilheit.

57

Wie bereits aus Bild 50 zu ersehen ist, besitzt die Steilheit einen negativen Temperaturkoeffizienten. Bei höherer Temperatur des Bauelementes werden die Werte kleiner. Es findet also ein selbststabilisierender Prozeß statt. Je nach Spannungsklasse und Chipgröße der Transistoren werden maximale Steilheitswerte von 5 S für Transistoren mit höherer Spannung ($U_{DS} >$ 200 V) und bis zu 20 S für Transistoren mit niedriger Spannung ($U_{DS} <$ 200 V) erreicht. Wie schon in Kapitel 2 erwähnt, ist die Steilheit direkt proportional zur Kanalweite W und damit abhängig von der Anzahl der Zellen und der zur Verfügung stehenden Chipfläche.

Einige weitere wichtige Gleichspannungsparameter sind zur Charakterisierung der Inversdiode notwendig. Hier ist folgendes anzuführen:

3.7 Diodengleichstrom I_{DR} und Inversdiodenpulsstrom I_{DRM}

Diese Stromangaben sind meist identisch mit den Strömen des Transistorbetriebes (I_D und $I_{D\,puls}$).

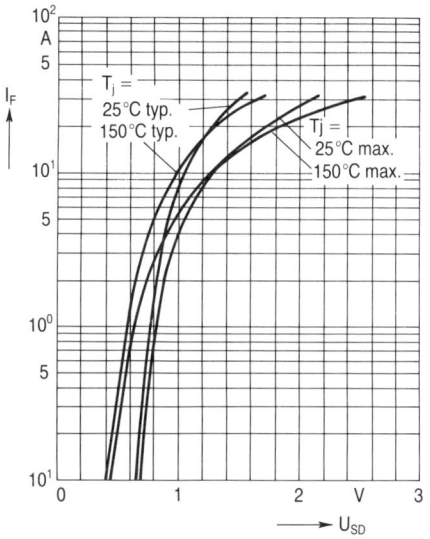

Bild 54: Durchlaßspannungsabfall der Invers-Diode.

58

3.8 Die Durchlaßspannung U_{SD}

der Inversdiode wird mit dem Wert des doppelten Diodengleichstromes bestimmt und liegt je nach Transistor im Bereich zwischen 1,2 und 2,5 V. Auch hier helfen Diagramme wie Bild 54 in den Datenblättern weiter. Will man die Verluste bei nicht allzu hohen Durchlaßströmen verringern, schaltet man den MOS-Transistor im Inversbetrieb (mit gleicher Gate-Spannungspolarität wie im Transistorbetrieb) zusätzlich ein. Es ergibt sich nun als resultierende Inverskennlinie die Überlagerung einer ohmschen Einschaltkennlinie des Transistors mit der Diodenkennlinie. Wie weit dies nun Vorteile und eine mögliche Verringerung der Verlustleistung bringt, muß der Anwender von Fall zu Fall selbst entscheiden. Von Vorteil ist das zusätzliche Einschalten des Transistors für die Verringerung der Sperrver-zögerungsladung.

3.9 Sperrverzögerungsladung Q_{rr} und Sperrverzögerungszeit t_{rr}

Dies ist die einzige echte Speicherladung, die ein MOSFET aufzuweisen hat. Sie entsteht im Inversbetrieb, wenn das p^+-Gebiet der in Durchlaß-richtung betriebenen Inversdiode kräftig Ladungsträger (Löcher) in die n^--Epitaxieschicht injiziert. Wird der Transistor wieder in Normalbetrieb gepolt (der p^+-n^--Übergang ist gesperrt), so müssen die nun vorhandenen Löcher erst wieder abgebaut werden. Dies geschieht zu einem kleinen Teil durch Rekombination. Der weitaus größere Abbau der Ladungsträger erfolgt aber durch »Ausräumen« der p-n-Übergänge und macht sich durch einen kräftigen Stromimpuls und ein verzögertes Anwachsen der angeleg-ten Sperrspannung bemerkbar. Dieses nun auftretende Stromzeitintegral wird als Speicherladung Q_{rr} und das verzögerte Ansteigen der Sperrspan-nung als Sperrverzögerungszeit t_{rr} bezeichnet. Bild 55 zeigt ein solches Stromspannungsdiagramm mit seinen geforderten Randbedingungen für die Messung dieser beiden Werte.
Diese nicht gerade vorteilhafte Eigenschaft eines MOSFET's kann man durch zusätzliches Einschalten des Transistors im Inversbetrieb mildern. Es ist nun möglich, die Speicherladung auf ca. 60% ihres ursprünglichen Wertes zu reduzieren, da ein großer Teil des Inversstromes über den Transistor fließt und nicht als Injektionsstrom über die Diode. Von den Herstellern sind natürlich auch Bestrebungen im Gange, diese Werte zu

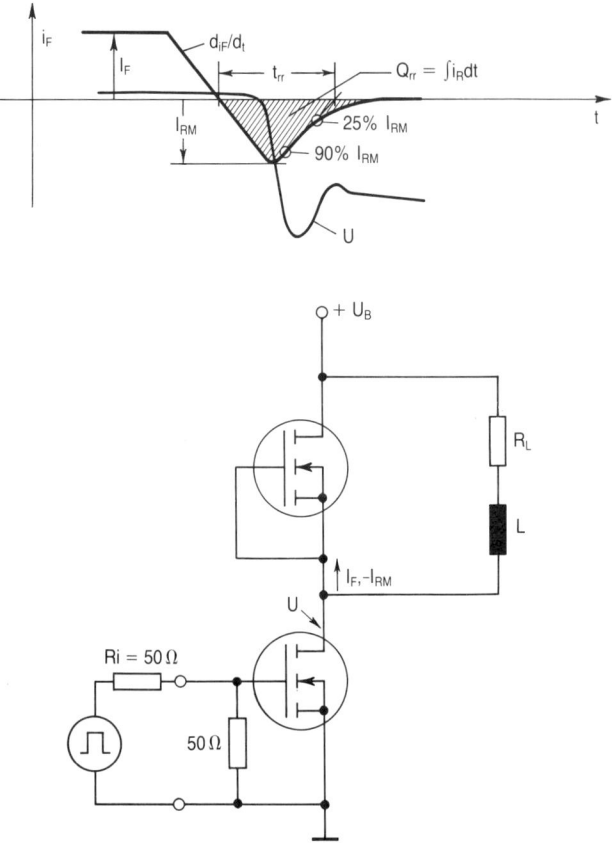

Bild 55: Bestimmung der Sperrverzögerungsladung Q_{rr} und der Sperrverzögerungszeit t_{rr}

reduzieren. Meist geschieht es mit technologischen Mitteln durch Einbau von Rekombinationszentren, wie z. B. Gold oder Platin. Bereits erhältliche SIPMOS-Transistoren mit schneller Inversdiode (BUZ 211) weisen nur noch 1/10 oder noch weniger der sonst üblichen Speicherladungsmenge auf, ohne dabei andere Daten des Transistors zu verschlechtern. In Kapitel 5 wird auf diese Problematik der Inversdiode näher eingegangen.

Zwei wichtige Diagramme, die dem Anwender zur Verfügung gestellt werden, sind der zulässige Betriebsbereich und der transiente Wärmewiderstand.

60

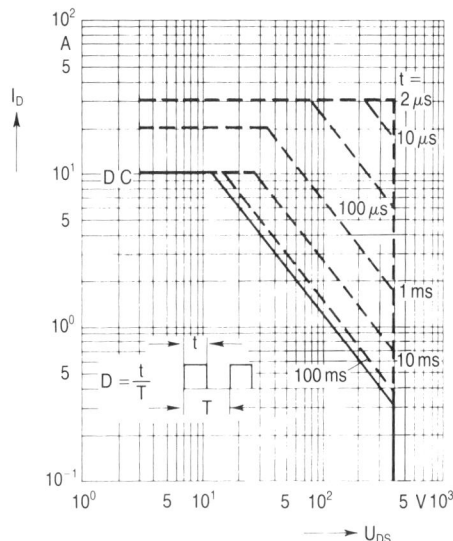

Bild 56: Zulässiger Betriebsbereich eines MOS-Transistors für ein Tastverhältnis
$D = \dfrac{t}{T} = 0,01.$

3.10 Zulässiger Betriebsbereich (Bild 56)

Er gibt Auskunft über den maximalen Drainstrom I_D, in Abhängigkeit von der Drain-Source-Spannung U_{DS} für die Belastung mit Impulsen unterschiedlicher Dauer und für ein spezifisches Puls-Pausenverhältnis. Für die hier spezifizierte Temperatur sind alle Werte für Strom und Spannung erlaubt, wenn der Transistor nicht thermisch überlastet wird. Vergleicht man dies mit Bipolartransistoren, so stellt man fest, daß hier keine Einschränkungen im Betriebsbereich gefordert werden. Einen 500-V-Transistor kann man also, sofern es keine Überschreitung der Datenblattwerte gibt, mit Maximalstrom und Maximalspannung schalten.

3.11 Transienten Wärmewiderstand Z_{thJC}

Die Einführung des transienten Wärmewiderstandes bringt dem Anwender eine zusätzliche Möglichkeit, den Transistor optimal auszunutzen. Bild 57 zeigt das zugehörige Diagramm, das aussagt, daß man bei den hier

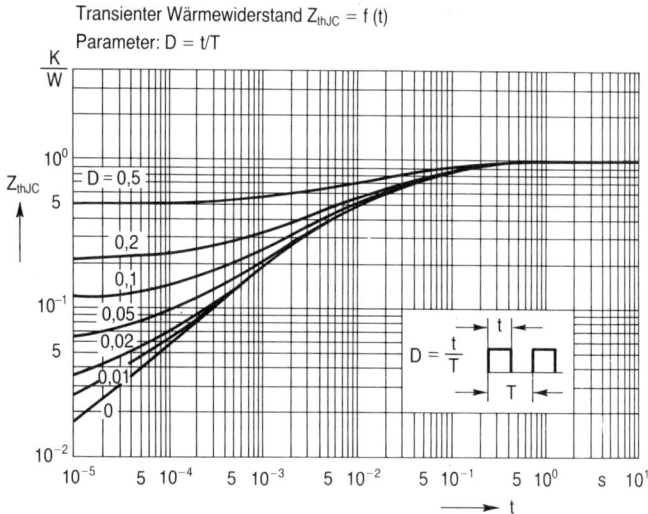

Bild 57: *Transienter Wärmewiderstand Z_{thJC} für verschiedene Tastverhältnisse.*

angegebenen Puls-Pausenverhältnissen mit verminderten thermischen Übergangswiderständen rechnen kann. Bei kurzen Impulsen mit langen Pausen verteilt sich die lokal entstehende Wärme im Chip besser und kann daher leichter abgeführt werden. Der transiente thermische Widerstand Z_{thJC} berücksichtigt diesen Umstand. Er weist kleinere Werte, als der im Gleichspannungsbetrieb zulässige thermische Widerstand R_{thJC}, auf.

4 Schaltverhalten von Leistungs-MOSFET's

Im Kapitel 2 haben wir die vorteilhaften Eigenschaften der stromlosen Ansteuerung detailliert herausgestellt. Dieses Kapitel beginnen wir nun mit einem Eingeständnis: Die stromlose Ansteuerung ist in der Tat nur dann vorhanden, wenn das Ein- und Abschalten langsam erfolgt. Lt. Bild 58 sind die Leistungs-MOSFET's mit Kapazitäten belastet, die bei jedem Schaltvorgang umgeladen werden müssen; dazu ist Strom notwendig. Diese Kapazitäten, die »Rückwirkungskapazität« C_{gd}, die Drain-Source-Kapazität C_{ds} und die Gate-Source-Kapazität C_{gs} bestimmen, zusammen mit dem Ausgangswiderstand des Treibergenerators, die Schaltzeiten der MOS-Leistungstransistoren.

Die Zuordnung der Elemente zur Struktur eines MOSFET's ist in dem Ersatzschaltbild Bild 59 dargestellt. Die Eingangselektrode ist auf das Polysilizium-Gategitter geschaltet, das einen nicht vernachlässigbaren Widerstand hat. Dieser Gate-Widerstand kann bei den erhältlichen Typen einen effektiven Widerstandswert, abhängig von Chipgröße und Layout, von einigen Ohm bis zu 20 Ohm besitzen. Die Gate-Source-Kapazität besteht aus dem Überlappungsteil zwischen Polysilizium und Sourcemetall und aus dem Kanalteil, der durch die p-Kanalzone und dem Polysiliziumgate gebildet wird.

Die Drain-Source-Kapazität C_{ds} hat die Ursache in der Raumladungszone zwischen der p-Schicht der Zellen und der Epitaxieschicht. Die Breite der Raumladungszone ändert sich nämlich – wie es im Kapitel 1 erläutert wurde – mit der angelegten Spannung. Dadurch ändert sich auch die Gesamtladung in ihr. Diese Ladungsänderung kann durch die »Raumladungskapazität« C_{RL} nach (4.1) berücksichtigt werden:

$$C_{RL} = \frac{d\,Q_{RL}}{d\,U_{RL}} \qquad (4.1)$$

Für p^+-n-Übergänge wird diese Raumladungskapazität sehr einfach nach Formel (4.2) gerechnet:

$$C_{RL} \cong \sqrt{\frac{1{,}7 \cdot 10^{-31} \cdot N_d}{2 \cdot U_{RL}}} \tag{4.2}$$

$$E_o \cdot E_{si} \cdot e \dots . 1{,}7 \cdot 10^{-31} \, [A^2 \cdot s^2 \cdot V^{-1} \cdot cm^{-1}]$$

Hier ist C_{RL} die Raumladungskapazität (Farad/cm^2), N_d die Dotierung der Epitaxieschicht (cm^{-3}) und U_{RL} die angelegte Spannung in Volt. Um die Drain-Source-Kapazität C_{ds} zu erhalten, muß C_{RL} mit der Gesamtfläche der in dem Leistungs-MOSFET enthaltenen Source-Zellen multipliziert werden. Aus (4.2) ist zu ersehen, daß der Wert für C_{RL} bei gegebener Spannung und bestimmter Zellenfläche für niedrigere Dotierung, d. h. für höhersperrende MOSFET's kleiner ist, als bei höherer Dotierung der Epitaxieschicht, wie es bei Niederspannungstransistoren der Fall ist.

Die Kapazität C_{gd} (»Miller«- oder »Rückwirkungskapazität«) wird, wie in Bild 59 zu sehen ist, durch die Gate-Oxidkapazität und die mit ihr in Serie liegende Drain-Raumladungszonenkapazität im Zwischenzellenbereich (d. h. im Gebiet zwischen den Transistorzellen) gebildet. Wenn der Transistor abgeschaltet ist (Bild 60), wird die Raumladungszone unter dem Gate beinahe gleich breit wie in den Bereichen unter den Zellen. Es gibt zwar auch im Gate-Oxid einen kleinen Spannungsabfall; er beträgt selbst bei der höchst anlegbaren Spannung nur wenige Volt, da $C_{ox} \gg C_{RL}$ ist. Er ist also besonders bei Hochspannungs-MOSFET's vernachlässigbar klein. Die Kapazität C_{rss} läßt sich nach (4.3) für $U_{GS} < U_{GS(th)}$ berechnen.

$$C_{rss}(U) = A_{Mi} \frac{C_{ox} \cdot C_{RL}(U)}{C_{ox} + C_{RL}(U)} \tag{4.3}$$

Hier steht A_{Mi} für die Gesamtfläche der Zwischenzellenzone. Dieser Wert liegt in der Praxis in derselben Größenordnung wie der Wert von C_{ds}, weil Zellenfläche und Zwischenzellenfläche nahezu gleich groß sind.

Die Datenbücher von Leistungs-MOSFET's enthalten meistens die Kapazitätskurven des abgeschalteten Transistors. Hier werden, in Abhängigkeit von der Drain-Source-Spannung, die Werte von

$$C_{oss} = C_{ds} + C_{gd}$$

$$C_{rss} = C_{gd}$$

$$C_{iss} = C_{gd} + C_{gs}$$

64

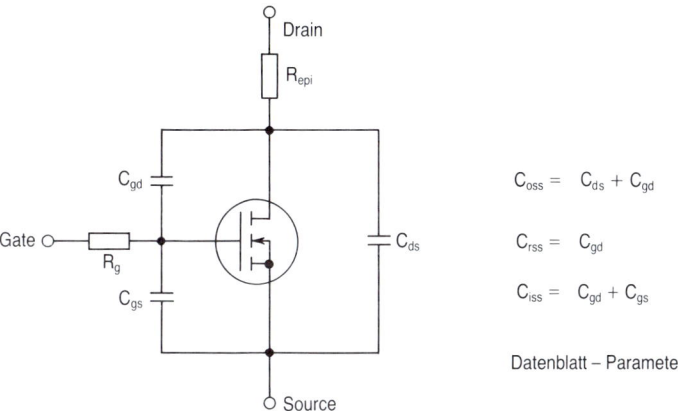

Bild 58: *Die Kapazitäten in Leistungs-MOSFET's.*

$$C_{oss} = C_{ds} + C_{gd}$$

$$C_{rss} = C_{gd}$$

$$C_{iss} = C_{gd} + C_{gs}$$

Datenblatt – Parameter

dargestellt. Ein typisches Beispiel zeigt Bild 61, auf dem die C(U)-Kurven des Leistungs-MOSFET's BUZ 71 von Siemens zu sehen sind. Der Index ss deutet auf »small signal« hin. Diese Kurven scheinen zwar informativ zu sein, doch für die Berechnung des Transistorverhaltens während des Schaltens können nur annähernd Informationen entnommen werden. Wenn der Transistor voll eingeschaltet wird, d. h. wenn er bei niedriger Drainspannung und großem Strom leitet, wird die Rückwirkungskapazität C_{rss} noch größer, als sie bei 0 V ist. Gerade dieses Verhalten ist in Bild 61 nicht zu sehen. Zur genauen Erklärung betrachten wir Bild 62. Es zeigt den Zustand $U_{DS} < U_{GS(th)}$, der die übliche Situation in Schaltanwendungen im eingeschalteten Zustand darstellt. Die Raumladungszone ist verschwunden; es gibt eine leitende Anreicherungsschicht, bestehend aus den Elektronen, die von der positiven Gate-Spannung an die Oberfläche gezogen werden. Es fließt Strom durch die leitende Epitaxieschicht. Die Kapazität zwischen Gate und Drain ist, da $C_{RL} \approx \infty$ geworden ist,

$$C_{rss} = A_{Mi} \cdot C_{ox} \tag{4.4}$$

Dies ist ein sehr hoher Wert im Vergleich zur Raumladungskapazität bei höheren Drainspannungen. Um ein Gefühl für die Größenordnungen zu bekommen, schätzen wir die C_{rss}-Werte des SIPMOS FET's BUZ 71 für den eingeschalteten und abgeschalteten Zustand.

65

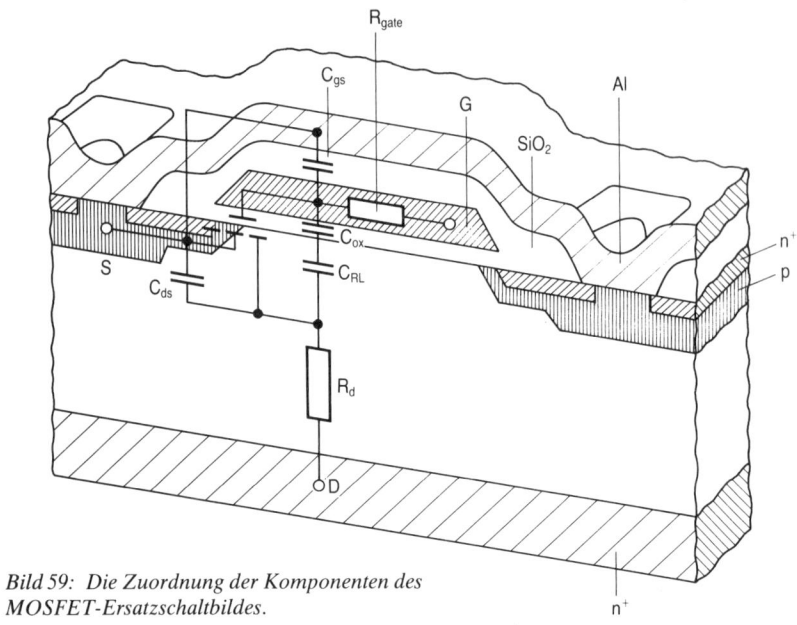

Bild 59: Die Zuordnung der Komponenten des MOSFET-Ersatzschaltbildes.

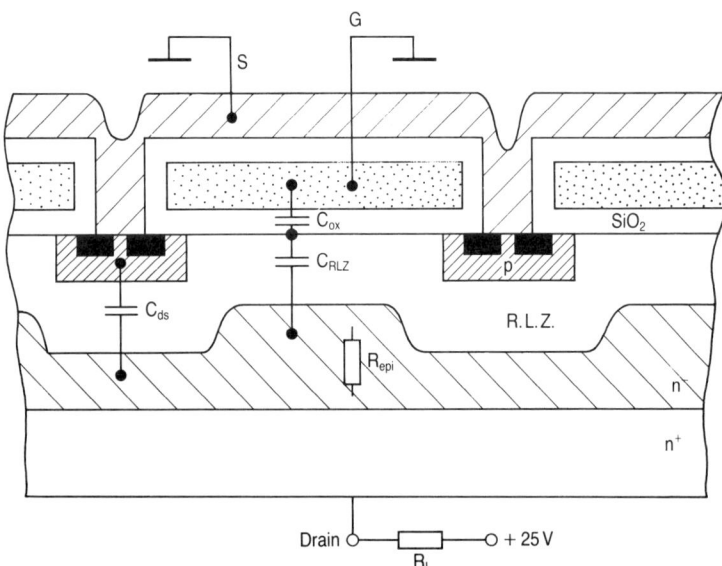

Bild 60: Die Datenbücher enthalten die Kapazitätswerte der abgeschalteten MOSFET's.

66

Die Gesamtfläche des Chips ist $0,08\,\text{cm}^2$, davon gehören etwa 40% zum Zellen- und 40% zum Zwischenzellenbereich. Die Dotierung der Drainzone beträgt $6 \cdot 10^{15}\,\text{cm}^{-3}$ und die Oxiddicke $7 \cdot 10^{-6}\,\text{cm}$ (70 nm). Die Raumladungskapazität für 40 V Drainspannung beträgt nach (4.2)

$$C_{RL} = 3,57 \cdot 10^{-9}\,\text{F/cm}^2 \simeq 3,6\,\text{nF/cm}^2$$

Die Oxidkapazität, nach (1.7) berechnet, beträgt

$$C_{ox} = 4,93 \cdot 10^{-8}\,\text{F/cm}^2 \simeq 49\,\text{nF/cm}^2$$

Der Wert C_{rss} des Transistors BUZ 71 nach (4.3) wird für den abgeschalteten Zustand

$$C_{rss} \simeq 100 \cdot 10^{-12}\,\text{F, also} \simeq 100\,\text{pF,}$$

was auch aus dem Datenblatt zu entnehmen ist. Für den eingeschalteten Zustand berechnet sich die Rückwirkungskapazität nach (4.4) zu $C_{rss} \simeq 1,6\,\text{nF}$.

Dies ist mehr als eine Größenordnung höher als der Wert im abgeschalteten Zustand. Die Eingangskapazität im eingeschalteten Zustand ergibt sich zu

$$C_{iss} = 1,6\,\text{nF} + 0,5\,\text{nF} = 2,1\,\text{nF,}$$

mit C_{gs} etwa gleich 0,5 nF.

Um dem Anwender eine umfangreichere Information zu geben, sollte die Darstellung der Kapazitäten eines MOSFET's nicht wie nach Bild 61 erfolgen, sondern so, wie in Bild 63. Hier ist die Erhöhung der Eingangs- und der Rückwirkungskapazität des Transistors im eingeschalteten Zustand deutlich sichtbar. Der Effekt ist bei Hochspannungstypen noch ausgeprägter als bei dem Typ BUZ 71. Dies ist jedoch leider noch nicht in den Datenbüchern dargestellt.

Alle drei einem Leistungs-MOSFET zugehörigen Kapazitäten sind im wesentlichen temperaturunabhängig. Dies bringt enorme Vorteile gegenüber den bipolaren Leistungstransistoren und wird nun im folgenden, anhand von konkreten Beispielen, detaillierter diskutiert. Die Spannungsabhängigkeit der Kapazitäten bestimmen selbstverständlich den Schaltvorgang eines Leistungs-MOSFET.

Um das Geschehen beim Schalten zu demonstrieren, verfolgen wir genau den gesamten Schaltablauf eines Inverters mit ohmscher Last.

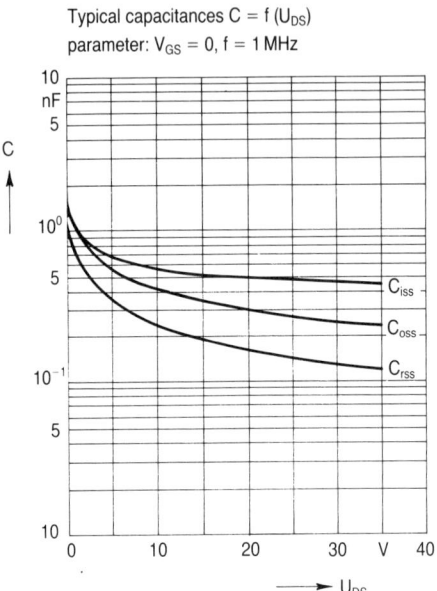

Typical capacitances C = f (U_{DS})
parameter: $V_{GS} = 0$, f = 1 MHz

Bild 61: Kapazitäten des BUZ 71 (Siemens) nach Datenblatt.

Zur Vereinfachung sei die Ansteuerung der Treibstufe ein Pulsgenerator mit großem Ausgangswiderstand (siehe Bild 64). Das Ausgangskennlinienfeld des Transistors BUZ 71 mit der Arbeitsgeraden ist in Bild 65 zu sehen. Bild 66 zeigt die Drain- und Gate-Spannungsimpulse beim Schalten.

Der Schaltvorgang beginnt nach dem Anlegen des Eingangsstromes mit einer kleinen Verzögerung. Es ist jene Zeit, welche die Eingangskapazität C_{iss} benötigt, um sich auf die Einsatzspannung von etwa 3 V aufzuladen. Es ist klar, daß diese »Verzögerungszeit« (Bereich E 1) um so länger ist, je größer Einsatzspannung und Kapazität C_{iss} sind. Der Transistor ist noch in Punkt 1 auf der $I_D(U_D)$-Kennlinie. Nachdem die Gate-Spannung den $U_{GS(th)}$-Wert überschritten hat, beginnt der Transistor zu leiten. Strom fließt, die Drainspannung sinkt. Das Fallen der Drainspannung beeinflußt durch Rückkopplung über C_{rss} die Gatespannung und kompensiert sie teilweise. Das Ergebnis ist: Es stellt sich eine Fallgeschwindigkeit der Ausgangsspannung ein, die durch das Entladen von C_{rss} und durch den Eingangsstrom I_{in} bestimmt wird. Das ist der bekannte »Miller-Effekt«.

68

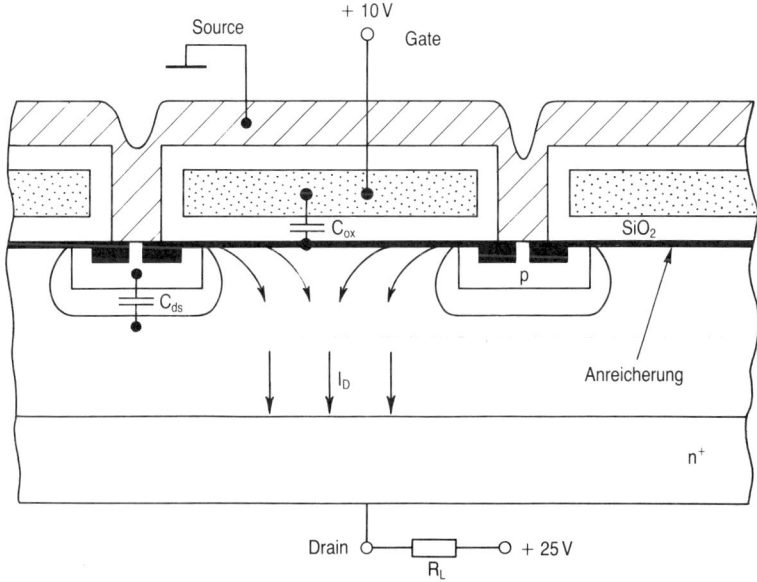

Bild 62: Erhöhung der Rückwirkungskapazität im eingeschalteten Zustand.

Wie bereits erklärt wurde, steigt bei sinkender U_{DS} die Kapazität C_{rss}. Somit verlangsamt sich auch die Fallgeschwindigkeit der Drainspannung. Die Gatespannung steigt langsam, entsprechend der Bewegung des Arbeitspunktes auf der Arbeitsgeraden (Bereich E 2). Zunächst fällt die Drainspannung relativ schnell, da C_{rss} noch klein ist. Sobald aber die Drainspannung die Gatespannung unterschritten hat (Punkt 2 in Bild 64), wird C_{rss} plötzlich nochmals größer. Dementsprechend verlangsamt sich auch der weitere Drainspannungsabfall und das Steigen der Gatespannung. Wie bekannt, definiert man als »Einschaltzeit« das Zeitintervall, welches für das Fallen der Drainspannung vom 90%- auf den 10%-Wert nötig ist. Diese Zeit ist für den MOSFET relativ kurz. Die Zeit aber, die nachher noch für das volle Einschalten benötigt wird (Bereich E 3), ist wesentlich länger. Im Bereich E 4 ist der MOSFET eingeschaltet; die Gatespannung hat ihren von dem Treiberimpuls erlaubten Grenzwert erreicht. Die Aufladung aller Kapazitäten ist beendet; es fließt kein Eingangsstrom mehr. Der Transistor ist leitend (Punkt 3 im Kennlinienfeld) und kann praktisch

69

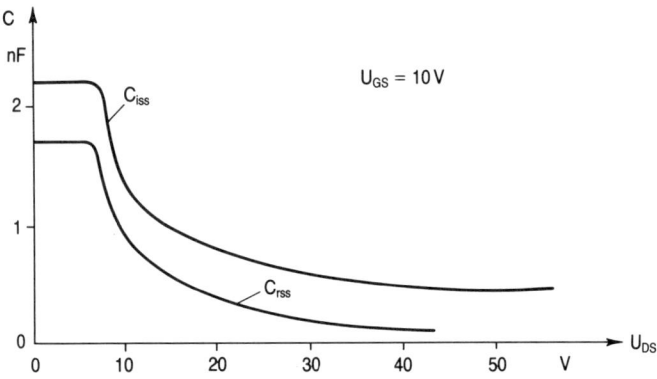

Bild 63: Informative Darstellung der MOSFET-Kapazitäten.

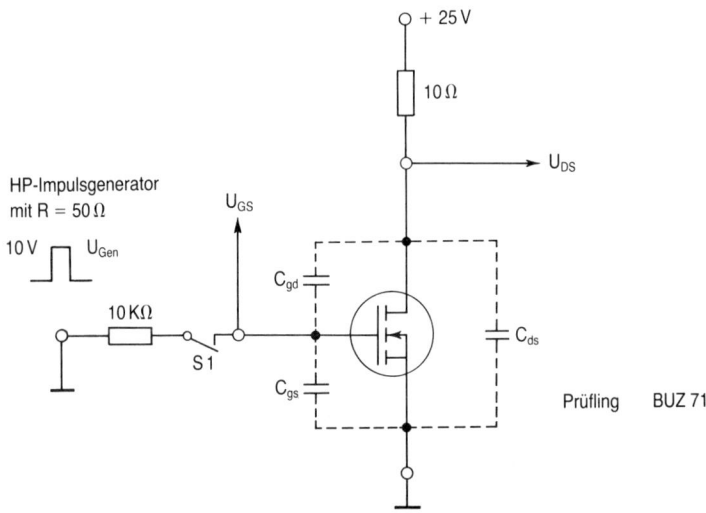

Bild 64: Prüfschaltung für die Demonstration des Schaltvorganges.

$$C_{oss} = C_{ds} + C_{gd}$$

$$C_{rss} = C_{gd}$$

$$C_{iss} = C_{gd} + C_{gs}$$

$$SS = \text{smal signal}$$

70

ohne Leistung und ohne Gatestrom für beliebige Zeit im leitenden Zustand gehalten werden. Man könnte nun den Kontakt durch Öffnen des Schalters S_1 zur Gate-Elektrode unterbrechen. Im Prinzip würde die aufgeladene Gate-Eingangskapazität die Gatespannung, und damit den eingeschalteten Zustand, weiter aufrecht erhalten. In der Praxis hat aber das Gate-Polysilizium immer einen Leckstrom von einigen Nano-Ampere, der die Gateladung ableiten kann. Diese Entladung geht jedoch sehr langsam vor sich. Die Entladezeitkonstante beträgt normalerweise mehrere Minuten! Um abzuschalten, muß die Gatekapazität entladen werden. Geschieht dies durch einen großen Widerstand, wie es unsere Prüfschaltung vorsieht, so verläuft der Vorgang in der umgekehrten Richtung wie beim Einschalten. Zuerst wird die Gatespannung langsam gesenkt, da die große Eingangskapazität entladen werden muß. Dabei steigen der Einschaltwiderstand und die Restspannung des Transistors langsam an, wie es Bild 66 (Bereich A 3) zeigt. Sobald die Gatespannung jenen Wert unterschritten hat, bei dem der Drainstrom nicht mehr ausreicht, um die Ausgangsspannung auf ihrem niedrigen Wert zu halten, fängt die Drainspannung an zu steigen. Es tritt nun der »Miller-Effekt« in Funktion und abhängig vom momentan fallenden Wert der Rückwirkungskapazität C_{dg} wird der Spannungsanstieg am Drain begrenzt. Der Anstieg, entsprechend des zuerst sehr großen, dann kleinen Wertes von C_{dg}, ist zuerst langsam, dann steil, wie dies in Bild 66 (Bereich A 2) gezeigt wird. Nachdem die Drainspannung auf die Betriebsspannung angestiegen ist, ist der Schaltvorgang am Drain beendet. Die Gatespannung sinkt aber weiter, da sie bei Erreichen der Situation $I_D = 0$ erst den Wert der Einsatzspannung angenommen hat. Der Schaltvorgang ist dann beendet, wenn die Gatespannung den von der Treiberschaltung bestimmten negativsten Wert erreicht hat (Bereich A 1).

Auffallend ist, daß es eine Art von »Speicherzeit« zwischen dem Einleiten des Abschaltvorganges und dem Beginn des Spannungsanstieges am Drain (bzw. des Stromabstieges) gibt. Sie ist um so länger, je höher die Spannung, auf die die Gatekapazität C_{iss} aufgeladen wird, und je kleiner der Entladestrom ist.

Da alle Kapazitäten einen vom Laststrom und von der Temperatur praktisch unabhängigen Spannungsverlauf haben, oder mindestens von diesem sehr wenig abhängig sind, hängen die Schaltzeiten für einen gegebenen Leistungs-MOSFET-Typ nur von den Auf- und Entladeströmen ab. Normalerweise steuert man in der Praxis einen Leistungs-MOSFET nicht mit

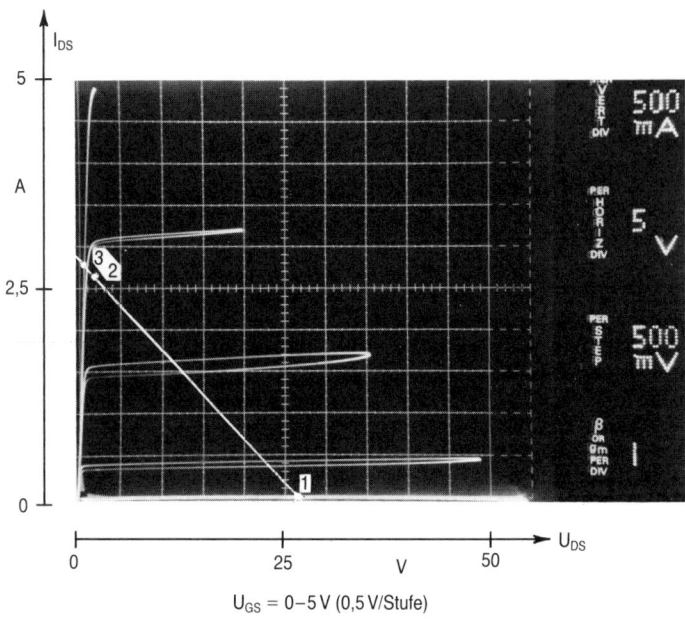

Bild 65: Gemessenes Kennlinienfeld des Transistors BUZ 71 mit der Arbeitsgeraden ($R_L = 10\,\Omega$, $U_B = 25\,V$).

konstantem Strom, sondern, ähnlich wie bei der Schaltung in Bild 64, mit einem Treiber mit bestimmtem Ausgangswiderstand oder einen IC mit stärkeren Ausgangstreibertransistoren an. Deshalb werden die Schaltzeiten überwiegend von der I(U)-Kennlinie des Treibers bestimmt. Wenn z. B. der Transistor BUZ 71 direkt von einem 50-Ω-Generator angesteuert wird, erreicht er Schaltzeiten von wenigen zehntel Mikrosekunden, wie in Bild 67 zu sehen ist. Als Faustregel gilt, daß für einen gegebenen Leistungs-MOSFET-Typ die Schaltzeiten umgekehrt proportional zum Treiberwiderstand sind (gleiche Eingangspulsamplitude vorausgesetzt). Diese Problematik wird im folgenden detaillierter diskutiert.

Die unterschiedlichen Fabrikate und Typen von Leistungs-MOSFET's verhalten sich beim Schalten im wesentlichen alle ähnlich. Die Unterschiede liegen mehr in Chipgröße, Stromsteilheit, Dicke des Gate-Oxids und in der Proportionalität zwischen Zellenfläche, Zellenabstand, Gate-

72

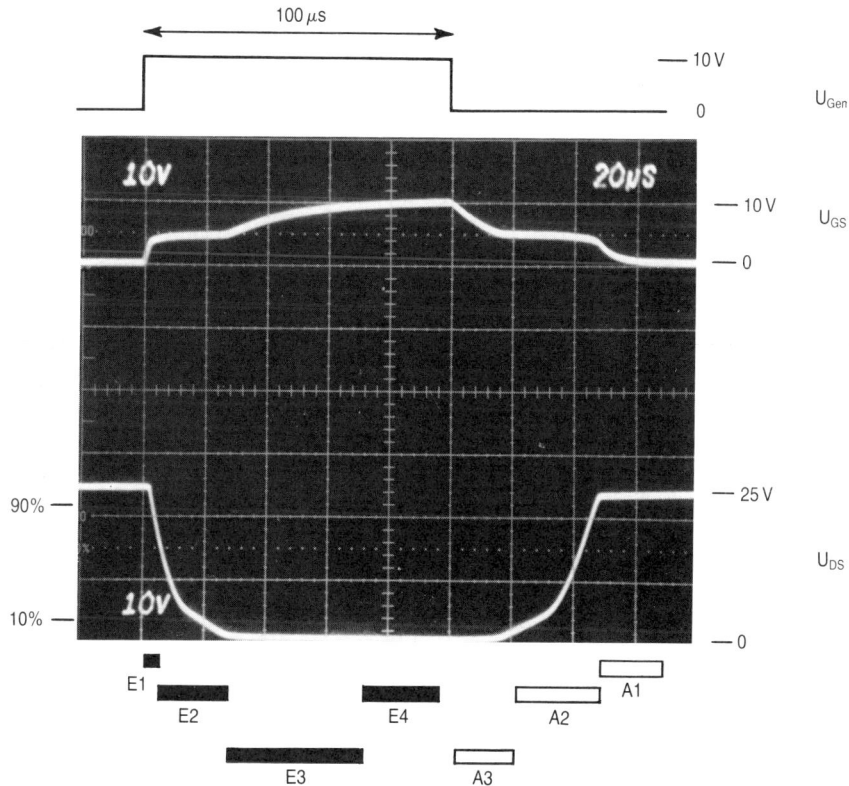

Bild 66: Spannungsverlauf an Drain und Gate beim Schalten (1).

Source-Überlappung und Randpassivierungsfläche. Diese Unterschiede sind aber nicht allzu groß. Um die kleinen Abweichungen zu illustrieren, werden in Bild 68 die gemessenen Schaltkurven von drei unterschiedlichen Leistungs-MOSFET-Typen (BUZ72 von Siemens, IRF520 von International Rectifier und MTP 10 N 10 von Motorola) unter identischen, realistischen Bedingungen verglichen. Die Chipflächen von allen drei Typen sind etwa $8 \, \text{mm}^2$, alle drei sind bis 100-V-Drainspannung einsetzbar.

Bei größeren Chips – die Kapazitäten sind entsprechend der Chipfläche auch proportional größer – wird das Schalten langsamer, wie es Bild 69 zeigt. Hier werden drei unterschiedliche, großflächige Leistungs-MOSFET's von IR, Motorola und Siemens verglichen. Die Treiberschaltung ist

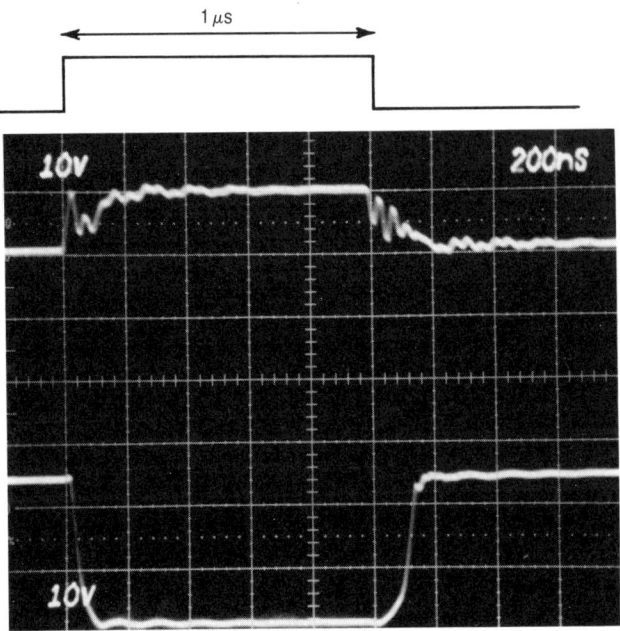

Bild 67: Spannungsverlauf an Drain und Gate beim Schalten (2).

mit der identisch, die für die kleineren MOSFET's (Bild 68) verwendet
wurde. Die Chipfläche der Großtransistoren beträgt etwa 40 mm². Um auch
die großflächigen Leistungs-MOSFET's schnell schalten zu können, müßte
die Treiberstufe verstärkt werden. Nun ist es vielleicht nützlich, wenn wir
einmal die Schalteigenschaften von MOS- und Bipolar-Leistungstransisto-
ren direkt miteinander vergleichen. Betrachten wir dazu einen modernen
Bipolar-Leistungstransistor vom Typ BUX 98 von SGS. Der in einem
TO-3-Gehäuse montierte Transistor kann bis zu einer $U_{CEO\ sus}$-Spannung
von 400 V benutzt werden. Die Chipgröße des Bauelements beträgt etwa
80 mm². Beinahe die gleiche Chipgröße (72 mm²) haben zwei Leistungs-
MOSFET's von Siemens mit der Typenbezeichnung BUZ 64. Die maximale Spannung beträgt für diesen Typ 400 V.
Der Bipolartransistor BUX 98 und zwei MOSFET's vom Typ BUZ 64 sind
nach den wichtigsten Schaltmerkmalen etwa gleich, auch die Chipfläche ist
nahezu identisch. Nehmen wir für den Vergleich eine einfache Schaltstufe
mit potentialfreier Ansteuerung für eine Betriebspannung von 400 V.

74

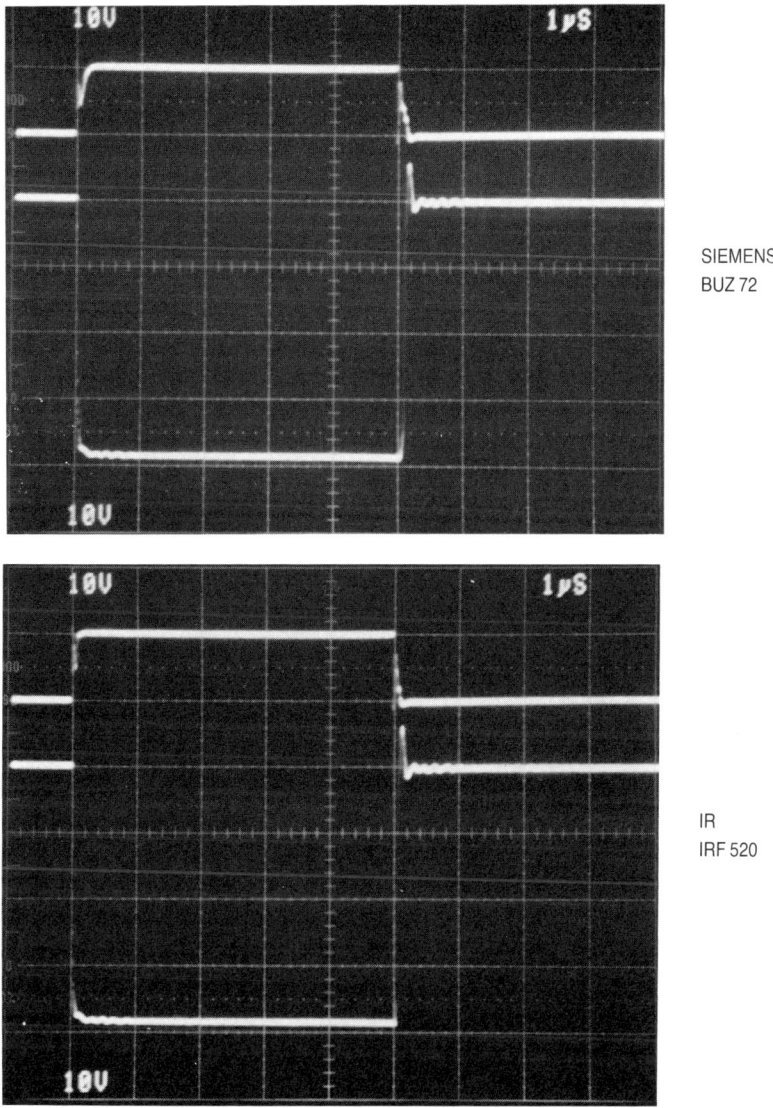

SIEMENS
BUZ 72

IR
IRF 520

Bild 68: Vergleich des Schaltvorganges von drei 8 mm² großen 100 V Leistungs-MOSFET's.

75

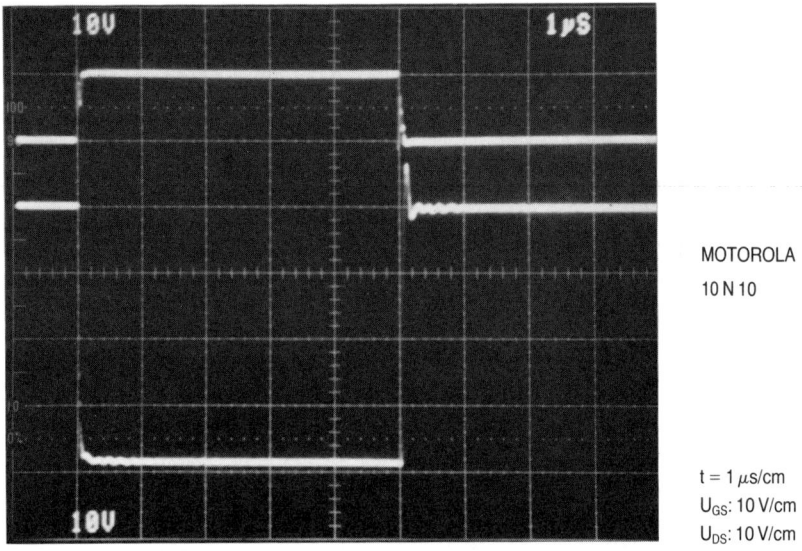

MOTOROLA
10 N 10

$t = 1\,\mu s/cm$
U_{GS}: 10 V/cm
U_{DS}: 10 V/cm

Bild 68 (Fortsetzung)

Solche Schaltstufen werden in den H-Brücken für Motorsteuerungen verwendet. Beide Transistoren benötigen eine geeignete Treiberschaltung, mit der möglichst schnell ein- und wieder abgeschaltet werden kann. Den prinzipiellen Aufbau einer H-Brücken-Schaltung zeigen die Bilder 80 und 81. Da in den meisten Fällen Potentialtrennung zwischen Steuer- und Leistungsteil gefordert wird, soll auch hier eine Treiberstufe verwendet werden, die diesen Anforderungen gerecht wird. Es gibt schaltungstechnisch viele Möglichkeiten der Potentialtrennung. Häufig angewendet wird die Steuerimpulstrennung über Optokoppler. Jedoch bietet dieses Schaltkonzept keine Möglichkeit, die Steuerleistung für den MOSFET zu übertragen. Dies gilt nicht für den Bipolartransistor. Um für beide Stufen von ähnlichen Verhältnissen ausgehen zu können, wählten wir die Übertragerkopplung. Mit dieser Schaltung, die in Abschnitt 6.9 näher erklärt wird,

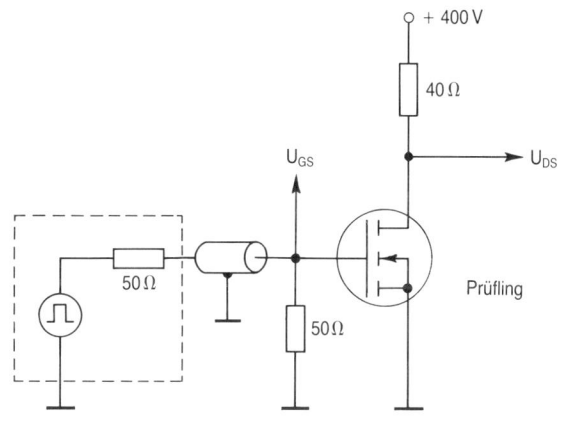

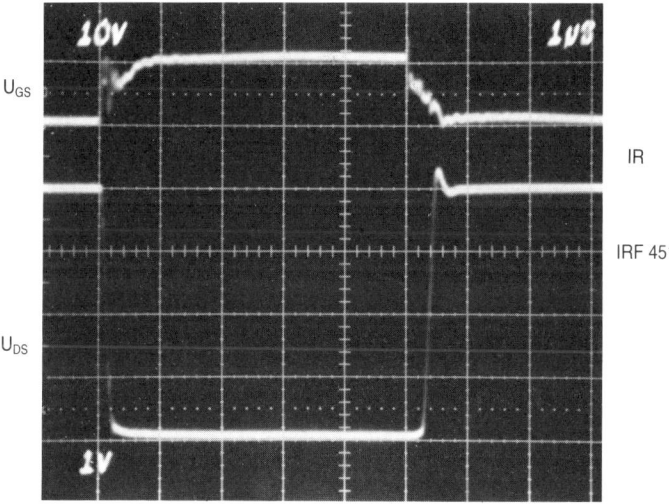

Bild 69: Vergleich des Schaltvorganges von drei großflächigen Leistungs-MOSFET's für 400–500 V.

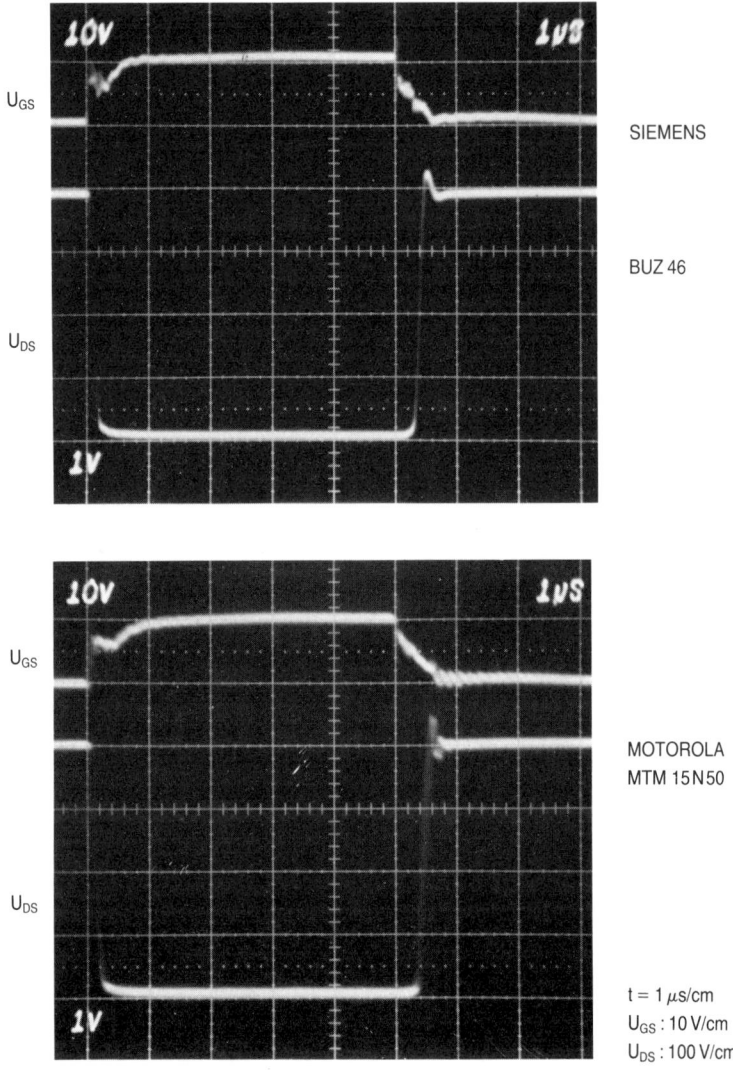

U_{GS}

SIEMENS

BUZ 46

U_{DS}

U_{GS}

MOTOROLA
MTM 15 N 50

U_{DS}

$t = 1\,\mu s/cm$
U_{GS} : 10 V/cm
U_{DS} : 100 V/cm

Bild 69 (Fortsetzung)

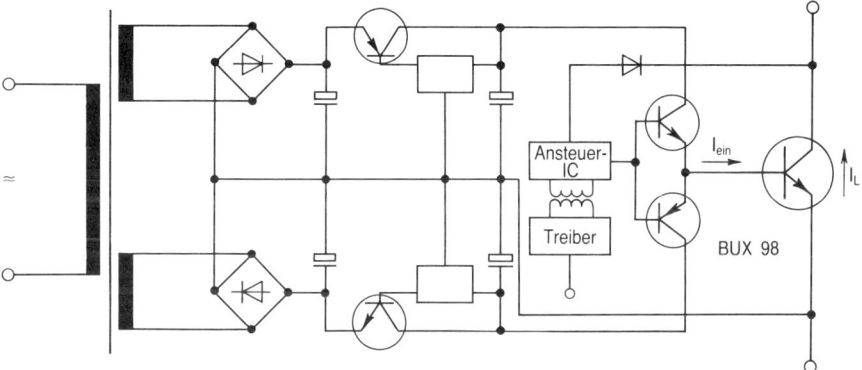

Bild 70: Schaltplan einer potentialfrei angesteuerten Bipolarschaltstufe für 400 V/20 A.

läßt sich sogar die Steuerleistung des MOSFET's übertragen. Der Bipolartransistor benötigt eine zusätzliche Versorgung.

Die geeignete Treiberschaltung für den Bipolartransistor soll den Anforderungen entsprechend, für $I_B > 1,5$ A dimensioniert sein, da für den Kollektorstrom von 8 A im eingeschalteten Zustand ein Basisstrom von $> 1,5$ A zugeführt werden muß. Außerdem soll der Bipolartreiber beim Abschalten den Basisstrom umkehren, also in beiden Polaritätsrichtungen den Eingangsstrom schalten können. Diese Forderungen erfüllt die Treiberstufe lt. Bild 70, die neben dem CMOS-IC noch die kleineren Treibertransistoren, ein Netzgerät für ziemlich hohen Strom für beide Polaritäten sowie einen Impulsübertrager zur Potentialtrennung enthält.

In Bild 71 sind die Verläufe von I_{ein} und I_L zu sehen. Auffallend ist die lange Speicherzeit, die noch länger wird, wenn man den negativen Basisstrom beim Abschalten reduziert. Der Eingangsstrom von etwa 1,5 A fließt kontinuierlich, solange der Bipolartransistor eingeschaltet ist. Die Speicherzeit ist stark temperaturabhängig.

Die für den MOSFET benötigte Treiberstufe in Bild 72 ist wesentlich kleiner [2]. Sie besteht praktisch nur aus der Treiberschaltung, kleinen Treiber-FET's und aus dem kleinen Impulstransformator, welcher die für das Einschalten notwendige Ladung liefert. Für das Abschalten ist kein negativer Eingangsstrom notwendig. Die Aufladung der Eingangskapazität erfordert nur einen kleinen Strom, der von einem einzigen Impuls übertragen werden kann. Die I_{ein}- und I_{Last}-Signalformen sind in Bild 73 dargestellt. Wie sofort zu erkennen ist, schaltet der Leistungs-MOSFET

79

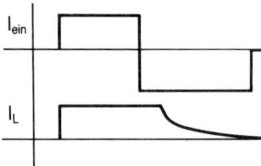

Bild 71: Verlauf des Eingangs- und Laststromes der Bipolarschaltstufe.

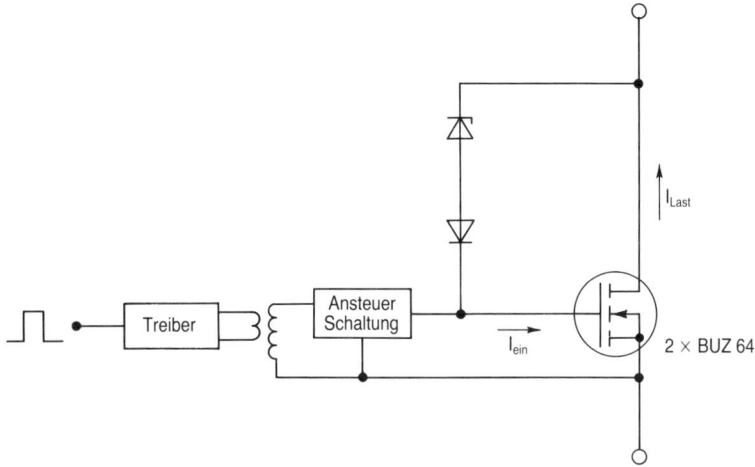

Bild 72: Schaltbild einer potentialfrei angesteuerten MOSFET-Schaltstufe für 400 V/20 A.

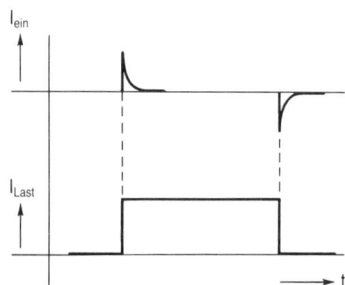

Bild 73: Verlauf des Eingangs- und Laststromes der MOSFET-Schaltstufe.

80

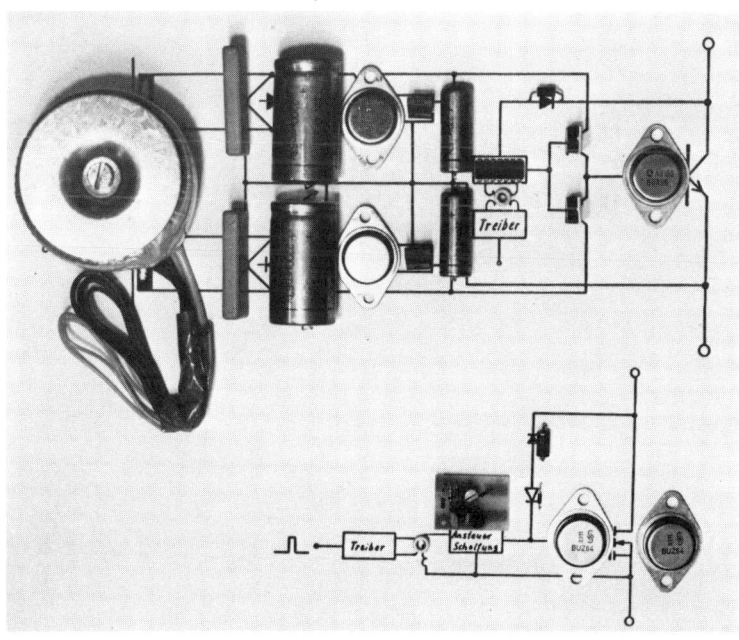

Bild 74: *Bauteilbedarf der Ansteuerschaltung für die MOSFET- und Bipolarschaltstufe für 400 V/20 A.*

praktisch ohne Speicherzeit. Der kapazitive Eingangsstrom beträgt sogar in der Spitze nicht mehr als 0,1 A. Die Schaltgeschwindigkeit ist trotz der kleinen Treiberstufe wesentlich höher als beim Bipolartransistor.

Der Vergleich der elektrischen Eigenschaften und des Bauteilebedarfes (Bild 74) illustriert eindeutig, welche grundlegenden Vorteile die MOS-FET's bieten: einfache Ansteuerung, weniger Gewicht pro Schalter, wesentlich kleinere Eingangsströme als beim Bipolartransistor und temperaturunabhängige, kurze Schaltzeiten.

Kurz zusammengefaßt: Folgende Vorteile sind allgemein gültig, egal welche Fabrikate oder Typen von Leistungs-MOSFET's man betrachtet: Der MOSFET ist einfacher ansteuerbar und schaltet schneller und mit wesentlich weniger Eingangsstrom (der eigentlich nur ein Umladestrom der Eingangskapazität ist) als ein Bipolartransistor mit gleicher Chipfläche.

81

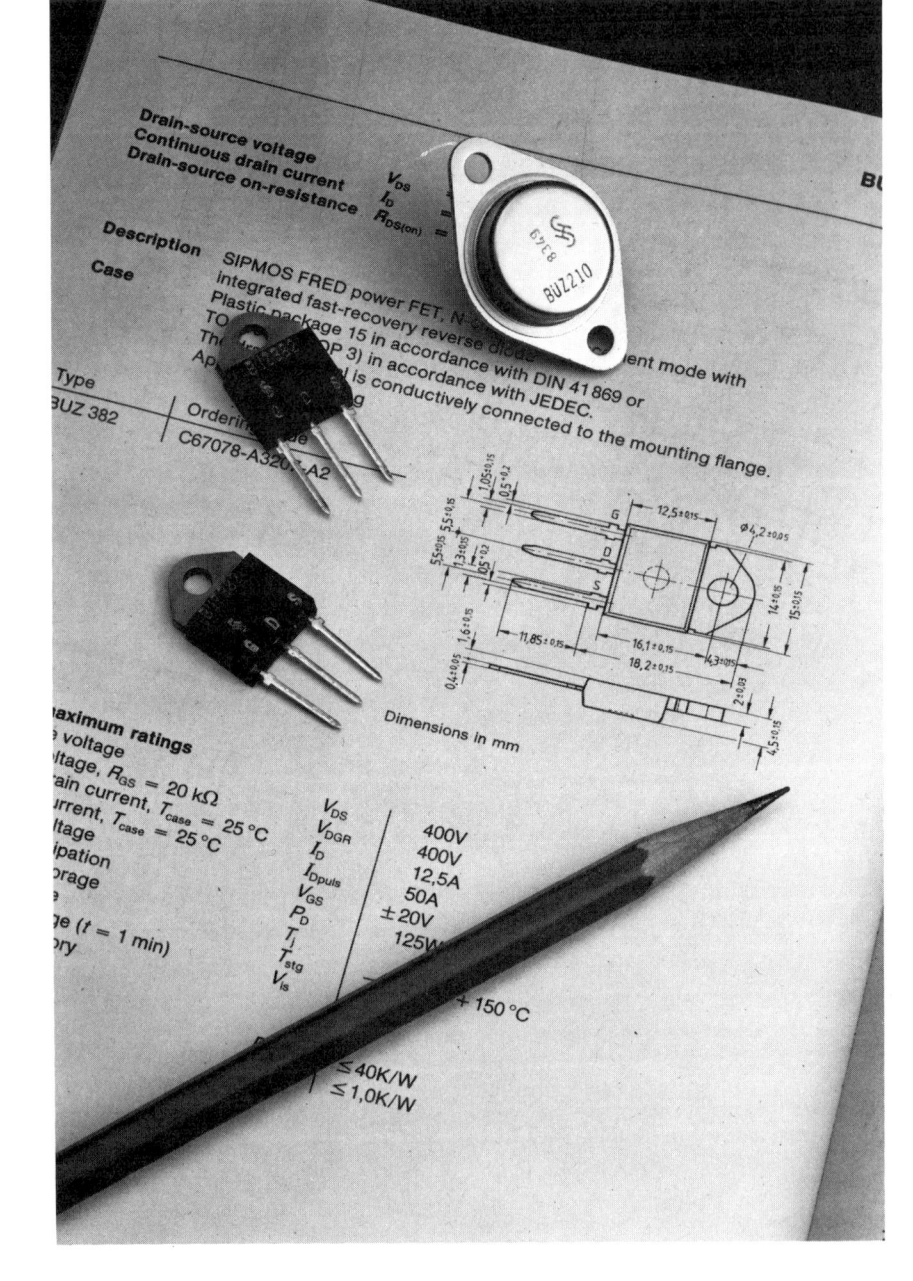

5 Die integrierte Revers-Diode

In den bis jetzt geschilderten Fällen wurden die Leistungs-MOSFET's immer unter »normalen Bedingungen« betrachtet: Die Drainspannung der MOSFET's war positiv (für p-Kanal FET's negativ), der Drain-Source-p-n-Übergang war in Sperrichtung belastet. Unter diesen Bedingungen hat die Tatsache, daß sich die Leistungs-MOSFET's in Rückwärtsrichtung wie eine leitende Gleichrichterdiode verhalten, keine Bedeutung. In späteren Kapiteln werden andere Anwendungen, in denen die Diodenfunktion auch ausgenutzt wird, detaillierter diskutiert.

Das in Rückwärtsrichtung diodenartige Verhalten ist die Folge des Aufbaues der Leistungs-MOSFET's. Die p-Gebiete in den Zellen bilden nämlich naturgemäß mit der n^--Epitaxieschicht und mit dem n^+-Substrat eine »Epitaxiebasisdiode«, welche in allen Leistungs-MOSFET's zwangsweise »integriert« ist.

Da unter normalen Vorspannungsbedingungen diese »integrierte Reversdiode« gesperrt ist, spielt sie im Stromflußmechanismus keine Rolle. Der Strom wird durch Majoritätsträger (Elektronen in n-Kanal-Transistoren) geführt, die aus der Sourcezone durch den gesteuerten Kanal und durch die Epitaxiezone in das hochdotierte Draingebiet fließen. Diese Situation ist in Bild 76 dargestellt. Dieser Betrieb, wir nennen ihn »Normalbetrieb«, wird im gesamten ersten Quadranten auf dem Kennlinienfeld nach Bild 75 gezeigt.

Bei umgekehrter Drainspannung, mit Werten kleiner 0,5 V, fließen die Majoritätsträger in umgekehrter Richtung. Die Reversdiode ist noch nicht aktiv, und der fließende Strom entspricht den Werten, die sich durch Gate- und Drainspannung einstellen, wie in Arbeitspunkt 1 in Bild 77 gezeigt wird. Wenn der Kanal gesperrt ($U_{GS} < U_{GS(th)}$ und die Revers-Drain-Spannung erhöht wird, fängt die Reversdiode zu leiten an. Der Diodenstrom fließt in den Zellenbereichen und ist von bipolarem Charakter, also

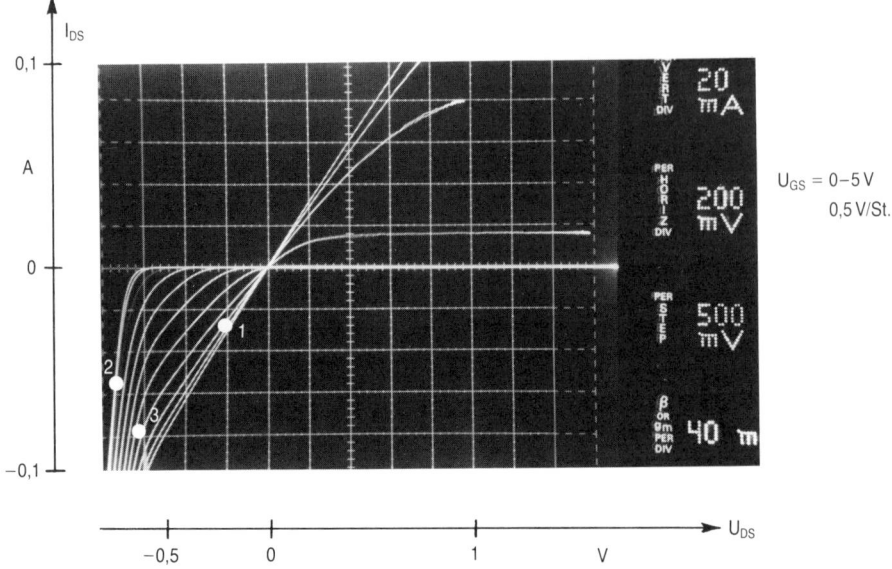

$U_{GS} = 0-5\,V$

0,5 V/St.

Bild 75: Typisches Kennlinienfeld eines Leistungs-MOSFET's (SIPMOS BSS 95) in der Nähe des Nullpunktes.

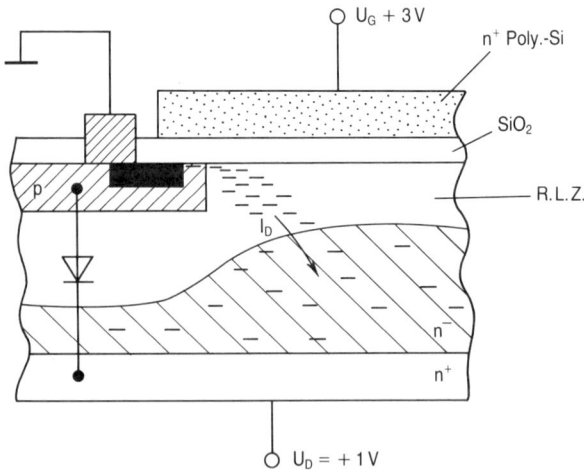

Bild 76: Normalbetrieb des Leistungs-MOSFET's.

84

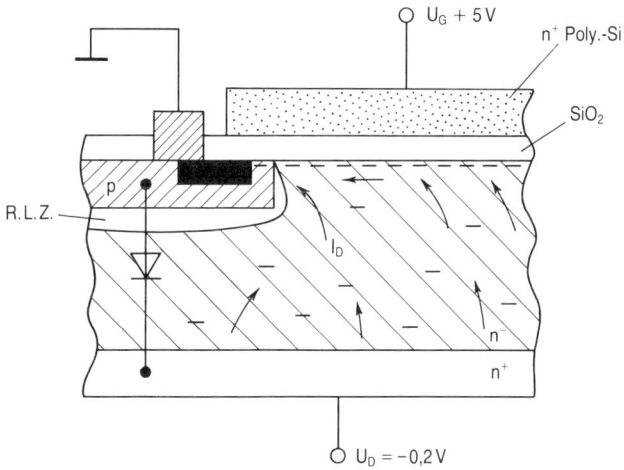

$U_G + 5\,V$

n^+ Poly.-Si

SiO$_2$

R.L.Z.

p

I_D

n^-

n^+

$U_D = -0,2\,V$

Bild 77: Inversbetrieb bei kleiner negativer Drainspannung (Punkt 1).

grundsätzlich anders als der Transistorstrom im Normalbetrieb. Dieser Zustand wird durch den Arbeitspunkt 2 in Bild 78 dargestellt.

Wird nun die Kanalzone durch Anlegen der Gatespannung zusätzlich aktiviert, so tritt eine kombinierte Stromführung auf (siehe Bild 79). Der Arbeitspunkt 3 zeigt diesen Fall im Kennlinienfeld. In dieser Betriebsart leiten der Kanal und die Diode gleichzeitig.

Es ist interessant, daß in diesem Zustand der Spannungsabfall immer kleiner ist als jener, der aus der einfachen Parallelkombination einer Diode und eines MOSFET's zu erwarten wäre. Die Ursache dafür ist, daß die injizierten Ladungsträger auch seitlich diffundieren und dadurch zusätzlich die Leitfähigkeit in der MOSFET-Zone erhöhen. Dies bewirkt, daß der Widerstand der Epitaxieschicht kleiner wird, der eingeschaltete MOSFET besser leitet und dadurch einen kleineren $R_{DS(on)}$ hat, als dies im Normalbetrieb der Fall ist.

Bei allen gängigen n-Kanal-Leistungs-MOSFET's erlauben die Hersteller in ihren Datenbüchern für die Reversdiode mindestens den gleichen hohen Strom, wie er für den Transistorbetrieb als maximal zulässiger Schaltstrom angegeben ist.

Gewöhnlich wird in den Schaltplänen die integrierte Reversdiode aus Bequemlichkeitsgründen nur dann in dem Symbol des Leistungs-MOS-

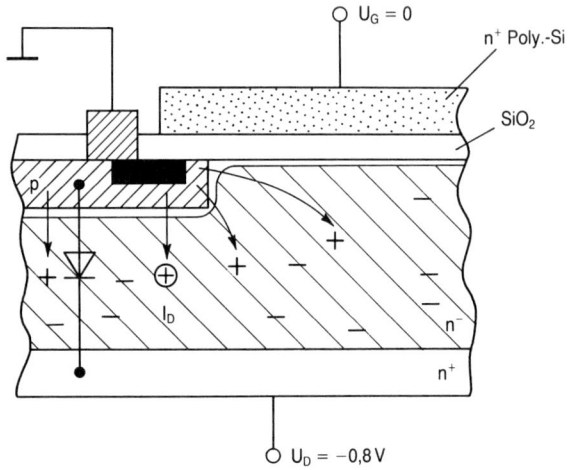

Bild 78: Bipolarer Stromfluß in Reverse-Richtung bei geschlossenem Kanal (Punkt 2).

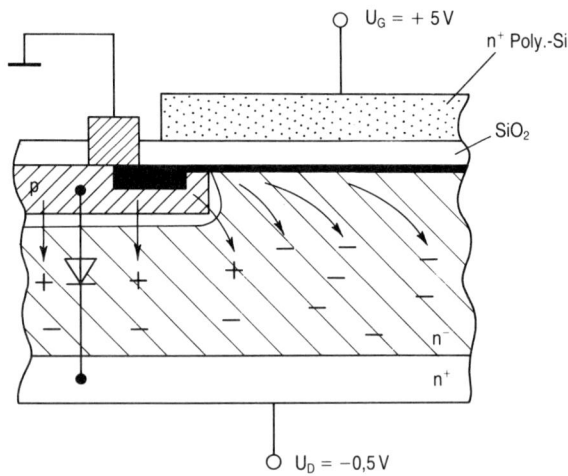

Bild 79: Kombinierter Stromfluß (Punkt 3).

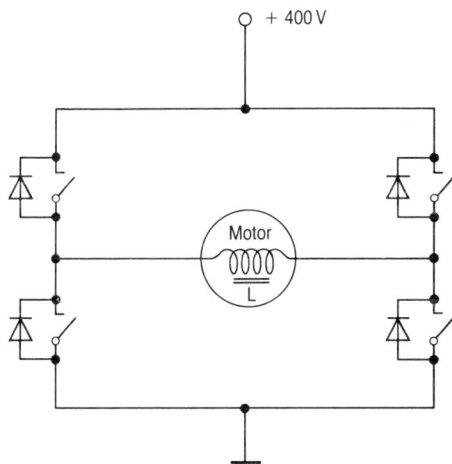

+ 400 V

Motor
L

Bild 80: H-Brückenschaltung für Steuerung von DC-Motoren.

FET's dargestellt, wenn sie in der Schaltung tatsächlich eine Bedeutung hat. Dies soll aber nicht täuschen. Alle Leistungs-MOSFET's mit vertikalem Aufbau besitzen diese Diode, unabhängig davon, ob sie dargestellt wird oder nicht. Rein theoretisch könnte der Leistungs-MOSFET mit seiner integrierten Reversdiode dann sehr vorteilhaft werden, wenn induktive Lasten geschaltet werden sollen. Ein typisches Beispiel dafür ist die »H-Brückenschaltung« für die Steuerung eines Gleichstrommotors nach Bild 80.

Die Schaltung besteht aus vier »Schaltern« mit parallel geschalteter »Freilaufdiode«, welche die Aufgabe hat, den Strom in der Lastinduktivität im Leerlauf mit wenig Verlust zu führen. Als Schalter wurden früher Thyristoren oder Bipolartransistoren eingesetzt. Die Freilaufdiode mußte aber immer als zusätzliches Bauelement zugeschaltet werden. Der Leistungs-MOSFET hat, bedingt durch seinen Aufbau, diese Diode automatisch mitintegriert. So erschienen die Leistungs-MOSFET's von Anfang an sehr attraktiv für die Entwicklung von Motorsteuerungen, besonders wenn man noch die hohe Schaltgeschwindigkeit dazurechnet.

Nun, ziemlich rasch hat die Euphorie nachgelassen. Man erkannte, daß die integrierte Reversdiode der Leistungs-MOSFET's in den Spannungsbereichen größer 400 V einfach zu langsam und dadurch nur bedingt geeignet ist.

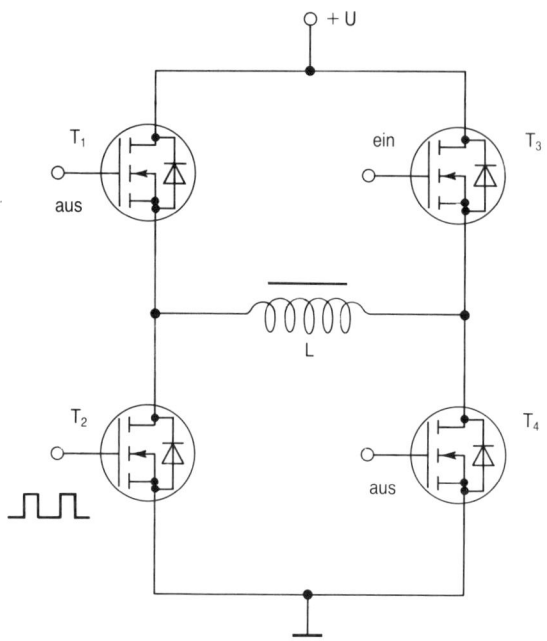

Bild 81: H-Brücke mit MOSFET's.

Gerade dieser Spannungsbereich hat aber die größte Bedeutung, da für Motorsteuerungen hauptsächlich Netzbetrieb verwendet wird.

Um das Problem zu erläutern, betrachten wir Bild 81, in dem die H-Brücke aus Leistungs-MOSFET's besteht. Für eine Drehrichtung bei gegebener Last an dem Motor soll ein konstanter Strom durch die Motorinduktivität fließen. Der Strom kann dadurch quasi konstant gehalten werden, indem man das eine Ende der Induktivität periodisch für eine kurze Zeit auf 0 V schaltet und das andere Ende an positive Spannung legt. (Dazu sind T_1 und T_4 abgeschaltet, T_3 eingeschaltet, T_2 wird periodisch ein- und abgeschaltet.) Wird T_2 eingeschaltet, so steigt der Strom in der Induktivität schnell an. Sperrt T_2, dann fließt der Strom durch die Reversdiode (»Freilaufbetrieb«) des abgeschalteten Transistors T_1. Er verringert, entsprechend der Last und dem Spannungsabfall, an der Reversdiode seinen Wert. Um einen Quasigleichstrom in der Induktivität zu erhalten, müssen bei jedem Stromstoß durch T_2 die Verluste ausgeglichen werden. Die Prüfschaltung nach

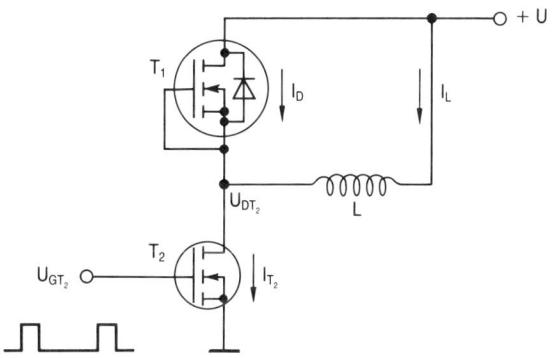

Bild 82: Meßschaltung für die Ermittlung der Reverse-Diodeneigenschaften.

Bild 82 simuliert die Situation unter diesen Umständen in vereinfachter Form.

Bild 83 zeigt die Spannungs- und Stromabläufe einer H-Brücke schematisiert dargestellt. Damit wären wir bei dem Problem der Reversdioden. Bei jedem Umschalten (»Kommutieren« von Leerlauf in die Sperrichtung) tritt ein großer Stromstoß auf, welcher durch T_1 und T_2 fließt. Die Reversdiode ist nach dem Kommutierungsvorgang erst nach einer gewissen Zeit, der »Freiwerdezeit«, in der Lage, die Sperrspannung aufzubauen. Während dieser Zeit stellt die von Flußrichtung in Sperrichtung kommutierende Diode einen Kurzschluß dar. Die Gesamtladung, die während der Freiwerdezeit aus der kommutierten Diode entfernt werden muß, nennt man »Speicherladung«. In den Leistungs-MOSFET-Datenbüchern sind Freiwerdezeit und Speicherladung (reserve recovery time t_{rr} bzw. reverse recovery charge Q_{rr}), die Gleichstromparameter der Reversdiode und die Meßbedingungen für diese Parameter angegeben. Typisch ist die Meßschaltung nach Bild 84, welche die Definition von t_{rr} und Q_{rr} enthält. Für praktischen Gebrauch ist die Speicherladung mehr informativ, da die Freiwerdezeit stark von der Stromsteilheit des Kommutierungsvorgangs abhängt.

Die Speicherladung ist das Ergebnis der Ladungsträgerinjektion. Die Ladungsträger reichern sich nämlich während der Diodenleitung der Freilaufperiode in der n^--Epitaxieschicht an. Nun kann aber der p-n^--n^+-Übergang nicht früher in seine Sperrichtung umgepolt werden, ehe diese

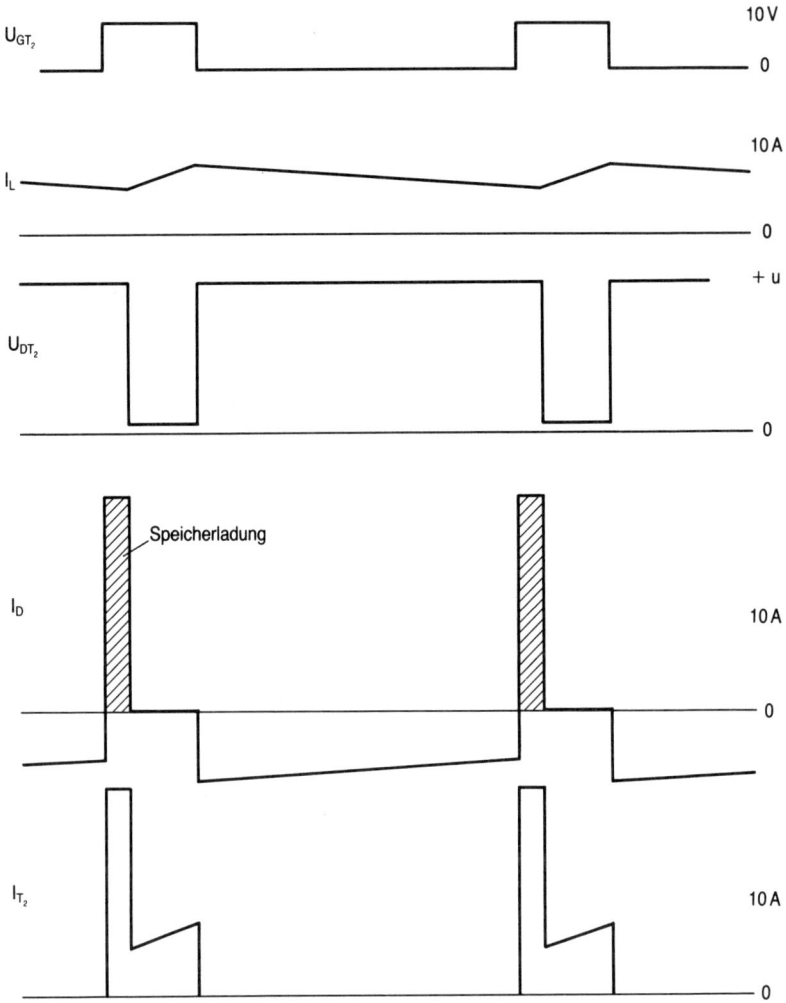

Bild 83: Signalformen der H-Brücke mit Leistungs-FET's.

Ladung aus der Struktur verschwunden ist. Beim Kommutieren zieht der Transistor T_2 die Speicherladung aus der Reversdiode von T_1 (hauptsächlich aus der n^--Epitaxieschicht) ab. Solange nicht die gesamte Ladung entfernt ist, liegt die volle Spannung an T_2, und es fließt ein Strom, der von der Gatespannung und dem Arbeitspunkt im Kennlinienfeld von T_2

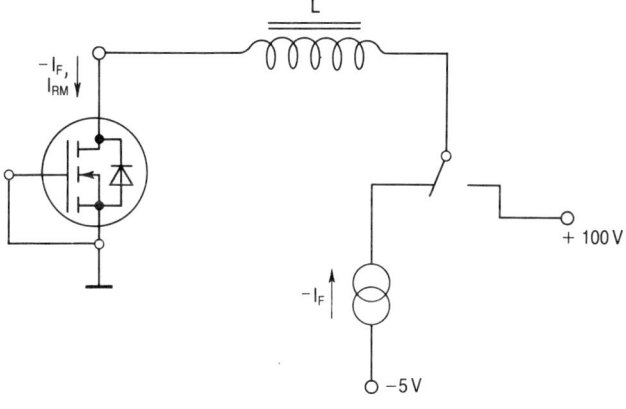

$$\frac{di}{dt} = \frac{100\,V}{L}$$

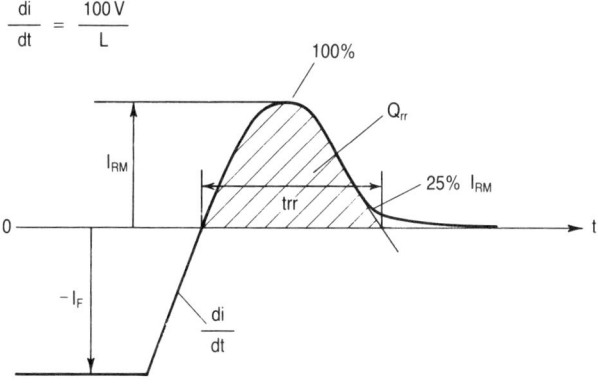

Bild 84: Meßschaltung für Speicherladung und Freiwerdezeit.

bestimmt wird. Dieser Strom kann den Gleichstrom, der durch die Induktivität fließt, um ein vielfaches übersteigen. Als Ergebnis tritt bei jedem Kommutierungsvorgang eine überhöhte Impulsbelastung an T_2 auf, die ihn zerstören kann. In unserem Fall, bei z. B. 10 kHz Taktfrequenz, müßte der Transistor T_2 eine durchschnittliche Schaltbelastung, hervorgerufen nur durch die Kommutierung, von etwa 50 Watt verarbeiten; die Impulsbelastung würde mehrere Kilowatt betragen. Bereits diese Belastung ist so groß, daß im Anwendungsfall nur wenig Nutzleistung übertragen werden kann. Diese Schwäche der Reversdiode von Leistungs-MOSFET's, die zu

91

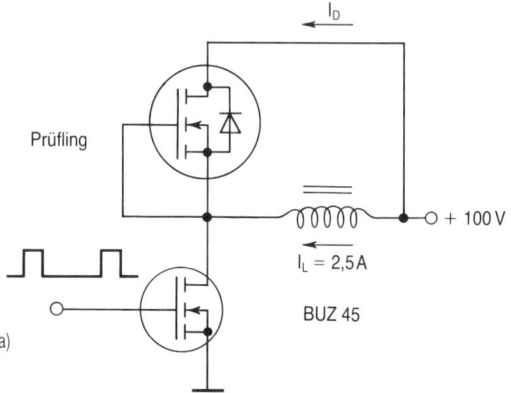

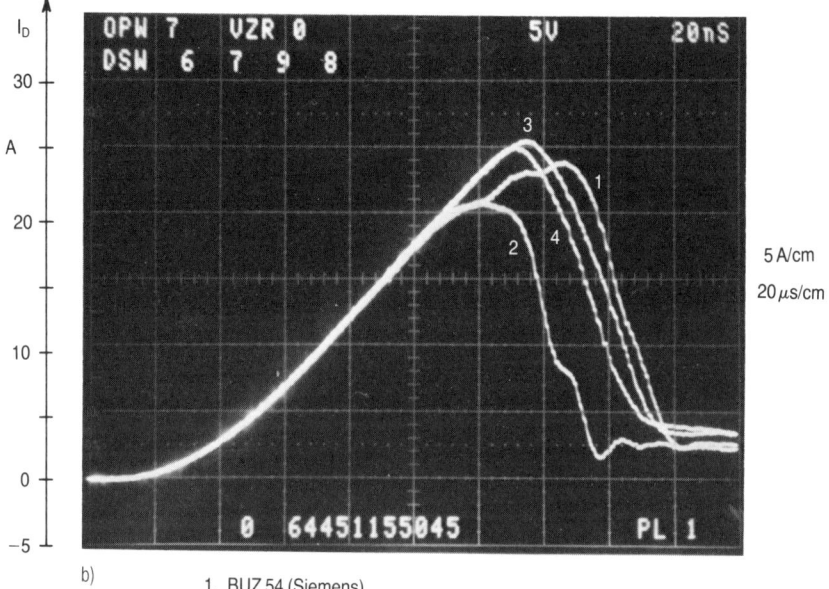

1. BUZ 54 (Siemens)
2. IRF 451 (IR)
3. S15N50 (Motorola)
4. BUZ 45 (Siemens)

Bild 85:
a) Meßschaltung für die Kommutierung.
b) Die Kommutierungskurven von unterschiedlichen Leistungs-MOSFET's gemessen mit der Schaltung nach Bild 85 a.

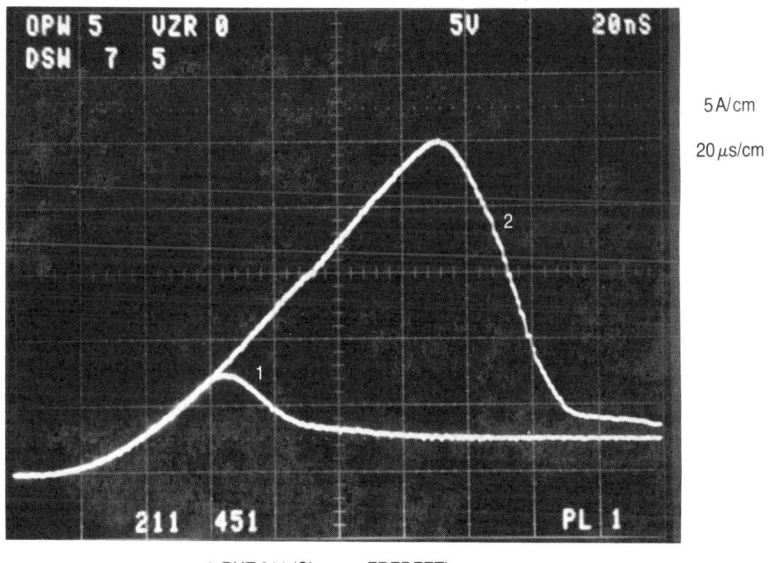

OPW 5   VZR 0   5V   20nS
DSW 7   5

5 A/cm

20 μs/cm

211 451   PL 1

1. BUZ 211 (Siemens FREDFET)
2. IRF 451 (IR)

Bild 86: Wesentlich verringerte Speicherladung. Beim »FREDFET« BUZ211. Vergleich: IRF451.

große Speicherladung, wird kurz und bündig mit den Worten ausgedrückt: »Die Reversdiode ist zu langsam.«
Die Speicherladung ist bei gegebenem Strom um so höher, je größer die Spannungsklasse des Transistors ist. Sie steigt bei einer gegebenen Struktur nahezu linear mit dem Diodenflußstrom an. Außerdem hängt sie zusätzlich noch von der Temperatur ab (d. h. je höher die Temperatur des Transistors, um so größer ist die Speicherladung).
Zur praktischen Anwendung soll folgende Information dienen: Bei allen herkömmlichen Leistungs-MOSFET's mit höheren Blockierspannungen als 300 V ist die Reversdiode nur bedingt verwendbar, da sie zu langsam ist. Bei Niedervolt-MOSFET's ist die Speicherladung kleiner, bei 50-V-Bauelementen sogar uninteressant klein. So kann die Reversdiode in diesen Spannungsbereichen weitgehend verwendet werden. Um das eben Geschilderte zu demonstrieren, zeigt Bild 85 b die Kommutierungsstromkurven von unterschiedlichen, etwa gleich großen Leistungs-MOSFET's unter identischen Meßbedingungen.

In bezug auf die Eigenschaften der Reversdiode verhalten sich die verschiedenen Fabrikate der n-Kanal-Leistungstransistoren etwa ähnlich. Die p-Kanal-MOS-Transistoren haben dagegen bei den meisten Typen ungewöhnlich große Flußspannungsabfälle (U_{SD} bis zu 6 V). In dieser Hinsicht sind die SIPMOS-Leistungstransistoren unproblematisch. Die p-Kanal-SIPMOS-FET's haben, ähnlich wie die n-Kanaltypen, in Flußrichtung einheitlich etwa 1 V Spannungsabfall.

Die sonst sehr gute Verwendbarkeit von Leistungs-MOSFET's für Motorsteuerungen motiviert die Bauelementeentwicklung sehr, sich um die Verbesserung der Reversdiodeneigenschaften zu bemühen. Als erster Hersteller hat Siemens neue Typen (BUZ 210 und BUZ 211) mit schneller Reversdiode und 500 V Sperrspannung eingeführt, die eine Größenordnung weniger Speicherladung, als die ursprünglichen Typen BUZ 45A bzw. BUZ 46 haben (siehe Bild 86). Ihre Dioden sind sogar schneller als die schnellsten »fast recovery« Gleichrichter, die als Einzelbauelemente erhältlich sind. Zum Zeitpunkt der Veröffentlichung dieses Buches haben andere Herstellerfirmen noch nicht nachgezogen. Siemens jedoch plant die Erweiterung des »FRED-FET«-Produktspektrums. Für Hochspannungs- und Netzanwendungen werden FRED-FET Bauelemente mit 400 V, 800 V und 1000 V Blockierspannung in Kürze eingeführt. Die wichtigsten Parameter des BUZ 211 im Vergleich zu dem identisch aufgebauten BUZ 45A Normaltyp sind wie folgt:

	BUZ 211	BUZ 45A
U_{DS}	500 V	500 V
$R_{DS(on)}$	0,8 Ω	0,8 Ω
$U_{GS(th)typ.}$	3 V	3 V
$t_{(rr)typ.}$	180 ns	1200 ns
$Q_{(rr)typ.}$	0,6 μC	12 μC

6 Leistungs-MOSFET's in der Praxis

Der ideale Leistungsschalter existiert noch nicht und wird wahrscheinlich nie existieren. Er hätte beliebig große Blockierspannung im abgeschalteten Zustand und einen »Null«-Widerstand im eingeschalteten Zustand. Er bräuchte keine Steuerleistung, und die Schaltzeiten beim Ein- und Ausschalten würden unendlich klein sein. Außerdem sollte er möglichst »nichts« kosten!

Die Leistungs-MOSFET's sind zwar nicht ideal, aber sie haben die kürzesten Schaltzeiten und die kleinsten Steuerleistungen von allen heute erhältlichen Halbleiterschaltern. Wenn die Preise im Lauf der Zeit noch weiter sinken, wird sich ohne Zweifel ein noch breiteres Anwendungsspektrum ergeben. Bis dahin ist aber noch ein langer Weg. So wie es in der Vergangenheit bei allen neuen Halbleiterbauelementen war, müssen die Anwender zuerst die vorteilhaften Eigenschaften der Produkte schätzen lernen. Die daraus resultierenden Erleichterungen durch die größere Schaltgeschwindigkeit und die kleinere Ansteuerleistung müssen erst ausgenutzt werden.

Die Autoren möchten dazu, durch Übermitteln von Erfahrungen, die sie bei der Entwicklung der SIPMOS-Transistorfamilie gesammelt haben, beitragen.

6.1 Handhabung

Wie alle MOS-Bauelemente, deren Gate-Elektrode über einer dünnen Isolierschicht angeordnet ist, sind auch die Leistungs-MOSFET's gegen statische Aufladung der Gate-Source-Strecke empfindlich. Sie ist der empfindlichste Punkt dieses Bauelementes. Die Gate-Source-Spannung darf *nie* den im Datenbuch erlaubten Maximalwert U_{GS} übersteigen. Es besteht sonst die Gefahr, daß es zum Durchbruch des Gate-Isolators kommt und die Gate-Source- und/oder auch die Gate-Drain-Strecke mehr oder weniger leitend wird. Dies bedeutet aber eindeutig die Zerstörung des Bauelements.

Beim Experimentieren mit Leistungs-MOSFET's wird daher dringend geraten, um die statische Aufladung zu vermeiden, den Nullpunkt (Massepunkt) des Experimentieraufbaus zu erden. Gleichzeitig ist auch der Lötkolben mit diesem Punkt zu verbinden. Um statische Aufladungen auszuschließen, sollen alle Meß- und Prüfgeräte mit dem Experimentierchassis verbunden und gemeinsam geerdet sein. Die arbeitende Person sollte sicherheitshalber, bevor sie zu den MOSFET's greift, den Erdungspunkt berühren, um eine eventuelle Aufladung des Körpers abzuleiten. Die Ladung, die eine Person durch Bewegung auf Teppich- oder Kunststoffboden erzeugt, reicht unter Umständen aus, um auch den größten Leistungs-MOSFET zu zerstören. Besonders kritisch ist das Einlöten des Bauelements in die Schaltung oder das Einsetzen in den Sockel. Die größeren Leistungs-MOSFET-Bauelemente werden zum Schutz in leitenden Schaumstoff verpackt oder in anderen leitenden Kunststoffverpackungen geliefert. Beachtenswert ist, daß die Verpackung vorher auf eine geerdete Metallplatte gelegt werden sollte, bevor ein Bauelement entnommen wird. Ähnlich sollte man mit kleineren Bauelementen umgehen, die in leitenden Plastiksäckchen geliefert werden. Beim Einlöten der MOSFET's ist es zweckmäßig, die Anschlüsse mit Alufolie oder mit dünnem Kupferdraht zu verbinden und diesen Kurzschluß erst nach dem Lötvorgang zu entfernen.

Wird ein Sockel verwendet genügt es, wenn man die Gate-Source-Transistoranschlüsse mit den Fingern berührt und vor und während des Einsteckens in die Fassung mit der anderen Hand einen Potentialausgleich zum gemeinsamen Erdpunkt schafft. Wenn diese einfachen Vorsorgemaßnahmen getroffen werden, ist das Arbeiten mit Leistungs-MOSFET's absolut problemlos. Es kommt oft vor, daß beim Experimentieren schnell festzustellen ist, ob ein Bauelement noch intakt oder »defekt geworden« ist!

Dies zu kontrollieren ist bei MOSFET's mit der Prüfschaltung nach Bild 87 sehr einfach. Wenn S_1 geschlossen ist, darf die Leuchtdiode LED L1 nicht brennen, da der Drain-Source-Sperrstrom bei guten Bauelementen im μA-Bereich liegt. Ist trotzdem eine Anzeige vorhanden, so ist der Prüfling defekt.

Als nächstes wird der Gatekreis getestet. Drückt man kurz S_2, wird die Gate-Source-Kapazität aufgeladen. Da selbst bei großflächigen Leistungs-

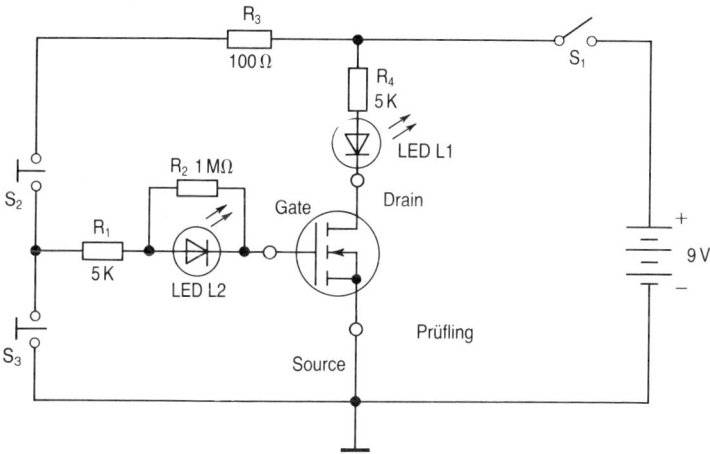

Bild 87: Einfache Testschaltung für MOS-Transistoren.

MOSFET's die Ladezeiten der Gatekapazität im Bereich von $10-20\,\mu s$ liegen, verursacht der kurze Ladestromstoß keine Anzeige an LED L2. Wenn das Bauteil in Ordnung ist, schaltet der Prüfling durch und LED L1 zeigt die Einschaltphase an. Die Gatekapazität entlädt sich langsam mit dem Gate-Leckstrom. Solange die Gatespannung über der Einsatzspannung des Prüflings liegt, leuchtet LED L1. Dies kann über längere Zeit der Fall sein. Soll der Test vorzeitig abgebrochen werden, ist S_3 zu drücken. Die Eingangskapazität entlädt sich über R_2. LED L1 erlischt.

Ist der Transistor defekt, leuchtet LED L1 nur kurz oder überhaupt nicht. Weist der Prüfling einen Gate-Source-Kurzschluß auf, leuchtet LED L2 solange S_2 gedrückt wird. Mit dieser Prüfung ist zwar die Sperrfähigkeit nicht getestet, aber erfahrungsgemäß würde ein Defekt im Draingebiet auch den Gate-Source-Kreis zerstören. Mit großer Wahrscheinlichkeit ist das Bauelement intakt, wenn es die Prüfung nach Bild 87 bestanden hat. Da mit dieser Testschaltung mit einfachen Mitteln die Haupteigenschaften des Prüflings, wie z. B. intakte Gate-Source- bzw. Drain-Source-Strecke und das Schalten bestimmt werden können, ist es ganz unerheblich, welcher Spannungs- bzw. Stromklasse er angehört.

Will man genauere Aussagen über ein Bauelement treffen, eignet sich am besten ein Kennlinienschreiber für diese Testzwecke. Hier können alle Parameter mühelos bestimmt werden. Bei dieser Messung sollte jedoch auf

97

die maximal auftretende Verlustleistung geachtet werden. Wird sie überschritten, führt sie sehr schnell zu einer unzulässigen Erwärmung des
Prüflings und unter Umständen zu einer Zerstörung. Es ist dann rechtzeitig
auf eine Impulsmessung umzuschalten.
Allgemein werden bei diesen Geräten jedoch nur die Steuerimpulse, also
die Gate-Source-Spannung, gepulst. Die Drain-Source-Spannung ist eine
Halbwelle mit 10 ms. Dies ist besonders bei Durchlaßspannungsmessungen
der Inversdiode zu berücksichtigen. Erst spezielle Hochstromeinschübe für
Kennlinienschreiber ermöglichen eine erwärmungsfreie Messung.

6.2 Schutzmaßnahmen

Der zweitempfindlichste Parameter ist die *Drain-Source-Spannung*. Es ist
ratsam, den erlaubten *Maximalwert U_{DS} nicht zu überschreiten*. Die Durchbruchspannung liegt zwar bei allen Arten von Leistungs-MOSFET's ober-
halb des erlaubten Maximalwertes, jedoch ist die Strombelastbarkeit im
Durchbruch nicht spezifiziert. Dieser Durchbruchstrom ist wesentlich
geringer, als der in den Datenblättern maximale Drainstrom.
Da die Leistungs-MOSFET's durch Gate-Source- oder Drain-Source-
Überspannungsspitzen zerstört werden können, erspart man sich beim
Experimentieren viel Ärger, wenn geeignete Schutzmaßnahmen getroffen
werden, die eine Überlastung des Bauelementes ausschließen. Die einfachste und wirksamste Beschaltung ist in Bild 88 dargestellt. Die Zenerdiode
Z_1 schützt die Gate-Elektrode gegen Überspannung. Ihr Wert wird am
besten mit 15 V gewählt, da mit dieser Spannung alle erhältlichen Leistungs-MOSFET-Typen voll eingeschaltet sind. Dieser Wert liegt noch
weit unter dem maximal erlaubten U_{GS} von 20 V. D_1 ist eine einfache
Siliziumdiode, die bis 1 A Stoßstrom ertragen kann (z. B. BAW75,
BAW 76 1N4346, 1N4...) und mehr als 20 V Durchbruchspannung hat. Z_2
ist eine Zenerdiode mit der notwendigen Spannung, um den Transistor vor
dem Durchbruch zu schützen. Die Zenerspannung soll in der Mitte zwischen der maximal erlaubten Drain-Source-Spannung U_{DS} und $+ U$ liegen.
Die Wirkung der Schutzschaltung demonstriert Bild 89. Der MOSFET ist
ein Transistor vom Typ BUZ71, der bei 40 V Betriebsspannung 4 A
schaltet. Die Streuinduktivität bilden 4 m auf einen Zylinder von 100 mm $\emptyset$
gewickelter Draht mit 2 mm Durchmesser.
Wie zu erkennen ist, wurde die entstehende Spannungsspitze beim

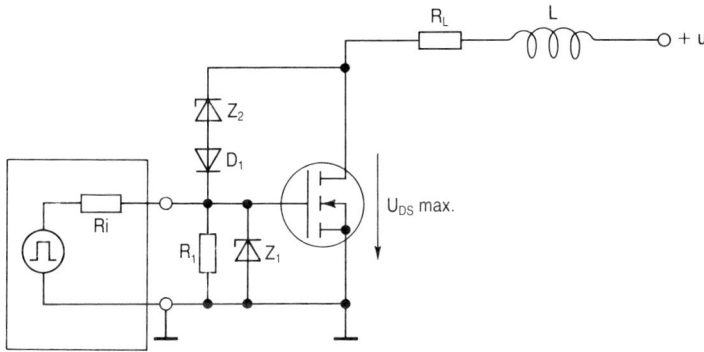

Bild 88: Leistungsschalter mit Überspannungsschutz in einem Lastkreis mit Leitungsindukti-vitäten.

Abschalten auch mit dem langen Draht, d. h. große Leistungsinduktivität, und 4 A Drainstrom von dem geschützten SIPMOS-Transistor problemlos verarbeitet. Ohne Beschaltung wäre der Transistor bereits bei 3 A geschaltetem Strom wegen der hier entstehenden Überspannungsspitze zerstört worden.

Diese einfache Schutzbeschaltung, lt. Bild 88, kann selbstverständlich für alle Spannungsklassen mit entsprechender Zenerdiode Z_2 verwendet werden. Zweckmäßigerweise sollen die Schutzelemente so nahe wie möglich an den Transistoranschlüssen angebracht werden, damit zwischen dem Leistungstransistor und der Schutzbeschaltung keine Streuinduktivitäten entstehen.

Für Schutzbeschaltungen in Hochspannungsanwendungen gibt es aber leider keine billigen Zenerdioden. Hier ist diese Schutzschaltung nur schwer zu realisieren. Neben der Möglichkeit, mehrere Zenerdioden mit kleinerer Zenerspannung in Serie einzusetzen, sind noch die im Folgenden beschriebenen Alternativlösungen verwendbar.

Bild 90 zeigt eine Variante dieser Schutzschaltung mit einem spannungsabhängigen Widerstand (VDR) oder Varistor als Schutzelement. Bei der Auswahl dieses Widerstandes sind jedoch der verschliffene Übergang in den Durchbruchbereich und die hohen Toleranzen der lieferbaren Durchbruchspannungen zu beachten. Es hat sich als zweckmäßig erwiesen, den im Datenblatt angegebenen Spannungswert bei 1 mA Varistorstrom als

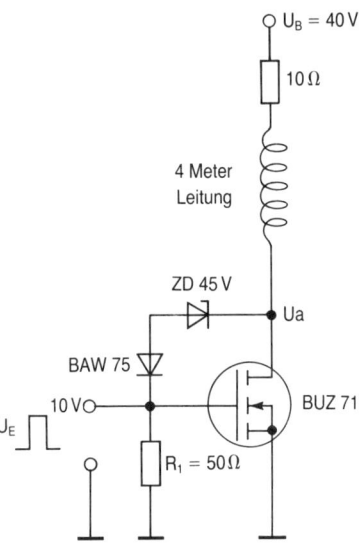

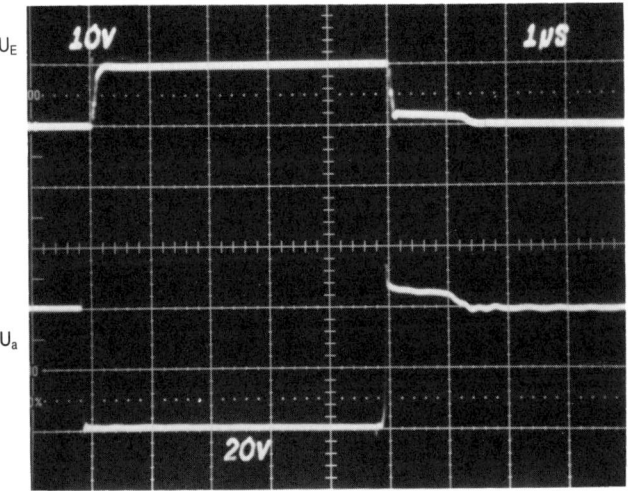

Bild 89: Demonstration der Wirkung der Überspannungsschutzschaltung.

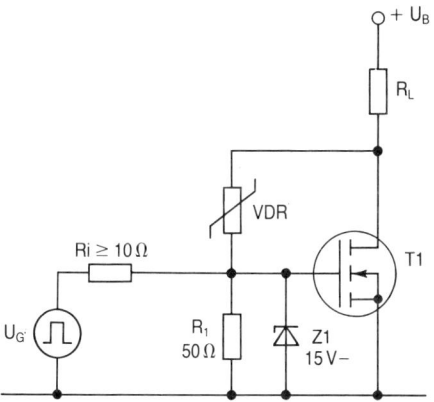

Bild 90: Schutzschaltung mit Varistor.

Durchbruchspannungswert zu wählen. Aus den oben genannten Gründen sollte man diese Schutzschaltung nur für größere Abstände von Batteriespannung U_B zu Durchbruchspannung $U_{(BR)DS}$ verwenden, z. B. $U_B = 300\,V$, $U_{(BR)DS} = 500\,V$). R_1 mit R_i dient einerseits als Entladewiderstand für die Transistoreingangskapazität, andererseits mit Z_1 als Überspannungsschutz für die Gate-Source-Strecke. Der Generator sollte einen minimalen Innenwiderstand von 10 Ohm besitzen. Eine andere Variation dieser Schutzschaltung ist in Bild 91 zu sehen. Es wird über eine Hilfsspannungsquelle, die auch die Versorgungsspannung U_B sein kann, eine Kapazität C aufgeladen. Übersteigt nun die Drainspannung U_D den Wert U_C + U_{D1}, so wird der Leistungstransistor T_1 aufgesteuert. Die Kapazität C sollte ca. den 10fachen Wert von C_{iss} besitzen. D_1 sollte eine kleine Sperrschichtkapazität besitzen und Impulsströme bis ca. 1 A verarbeiten können. Ihre Sperrspannung muß mindestens gleich der Hilfsspannung U_H sein. Bild 92 zeigt eine Variation dieser Schaltung mit einer zusätzlichen Vierschichtdiode D_2. Die Funktion ist ähnlich Bild 91, nur wird, da die Spannung an Diode D_2 schlagartig um z. B. 20 V zusammenbricht, das Gate des Leistungstransistors wesentlich stärker angesteuert. Dies führt zu einem kräftigen Durchschalten des Leistungstransistors. Allerdings ist die »Erholzeit« nach der Schutzfunktion länger, da sich die Gate-Kapazität auch entsprechend lange entladen muß. Durch Bemessung der Schaltung kann dieser Nachteil weitgehend ausgeglichen werden. Da die Dimensionierung der

101

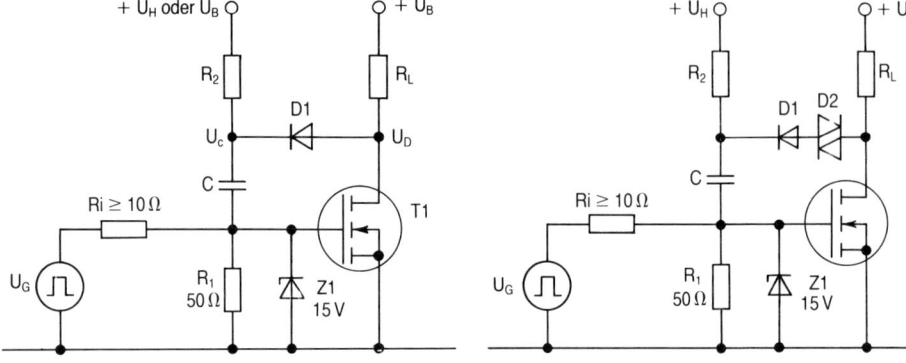

Bild 91: Schutzschaltung mit
Referenzspannung und Diode.

Bild 92: Schutzschaltung mit Diode
und Vierschichtdiode.

Schutzschaltung jedoch sehr stark vom Transistortyp, der Betriebsspannung, der Taktfrequenz und noch einigen anderen Parametern abhängt, kann hier kein generelles »Rezept« für die Dimensionierung gegeben werden.

6.3 Vorteilhafte Ansteuervariationen und Ansteuer-IC's

Eine der wichtigsten Ergänzungen zum MOS-Transistor als Leistungsschalter ist seine Ansteuerschaltung. Nur eine korrekte Ansteuerung, wobei diese Schaltung nicht kompliziert aufgebaut sein muß, kann die Vorteile des Leistungs-MOSFET's voll zum Tragen bringen. Wie auch aus den angeführten Schaltbeispielen ersichtlich, genügen oft der Ausgang eines Operationsverstärkers oder der eines CMOS-Gatters, um den Leistungstransistor anzusteuern. Werden kurze Schaltzeiten gefordert, so muß auch der Steuerimpuls entsprechend schnell gehalten werden.

Es sollen nun zunächst einige Eigenschaften einer »idealen« Ansteuerung angeführt werden. Es ist natürlich verständlich, daß nicht alle aufgezählten Eigenschaften in eine Universalsteuerung gepackt werden können. Jedoch besteht die Möglichkeit zu prüfen, ob in einer realisierten Schaltung der eine oder andere hier erwähnte Punkt berücksichtigt worden ist oder nicht.

6.4 Gedanken zu einer idealen Ansteuerschaltung

a) Kleiner dynamischer Innenwiderstand: Um die Eingangskapazität eines MOS-Transistors schnell laden und entladen zu können, ist es vorteilhaft, die Treiberschaltung niederohmig auszulegen. Während des Gate-Steuerimpulses und in den Impulspausen sollte die Gatespannung auf dem vorgeschriebenen Wert gehalten werden. Rückwirkungen von der Drainseite her oder Einflüsse über Koppelkapazitäten auf das Gate oder die Ansteuerschaltung müssen durch einen kleinen dynamischen Innenwiderstand (R_i) der Ansteuerschaltung ausgeregelt werden (siehe Bild 93).

b) Vermeidung hochohmiger Bereiche in der Innenwiderstandscharakteristik: Bei Ansteuerung mit Komplementär-Gegentakttreibern (Bipolar oder MOS) wird die Schaltung bei Übergang von Gatesignal »High« auf Gatesignal »Low« oder umgekehrt, kurz hochohmig (Schwellenspannungen der Steuertransistoren). Um, sofern es notwendig ist, definierte Werte zu schaffen, hilft die Parallelschaltung eines Widerstandes (Bild 94) mit z. B. 4,7–10 kΩ.

c) Wählbarkeit der Anstiegszeiten bei Einhaltung der Niederohmigkeit des Innenwiderstandes: Oft ist es notwendig, den Leistungstransistor mit vorgegebener Flankensteilheit ein- oder auszuschalten. Es bietet sich hier natürlich die Zeitkonstante an, die aus der Eingangskapazität und einem Serienwiderstand gebildet wird. Jedoch ist von Fall zu Fall zu prüfen, ob nicht Nachteile, wie unter a) bzw. b) beschrieben, in Kauf genommen werden müssen. Bild 95 zeigt mehrere Möglichkeiten zur Variation der Schaltflanken.

d) Ruhestromfreiheit der Schaltung: Da MOS-Transistoren selbst nur sehr geringe Steuerleistungen benötigen (es wird die Eingangskapazität des Transistors auf- und entladen), sollte in den Treiberschaltungen nicht unnötig viel Ruhestrom, z. B. zur Arbeitspunkteinstellung, fließen.

e) Floatender Betrieb des Schalttransistors: In den oft verwendeten Brückenschaltungen (eingesetzt für Motorsteuerungen und Wechselrichter), Bild 96, werden die oberen beiden Transistoren T_1, T_2 erdfrei betrieben. Hierzu ist eine Ansteuerschaltung mit Potentialtrennung notwendig. Dabei sollte darauf geachtet werden, die Koppelkapazitäten C_K gering zu halten. Man vermeidet so unangenehme Rückwirkungen auf die Steuerelektronik. Das gleiche Problem tritt natürlich auch bei einer Source-Folgerstufe auf (Bild 97). Beachtenswert ist noch, daß U_L bei Niederspannungs-MOS-

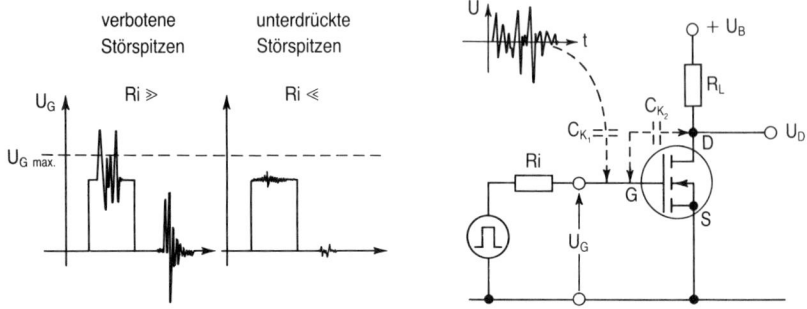

Bild 93: Einkopplung von Störspannungen über C_{K1} oder über C_{K2} bei zu hochohmigem Generator (R_i).

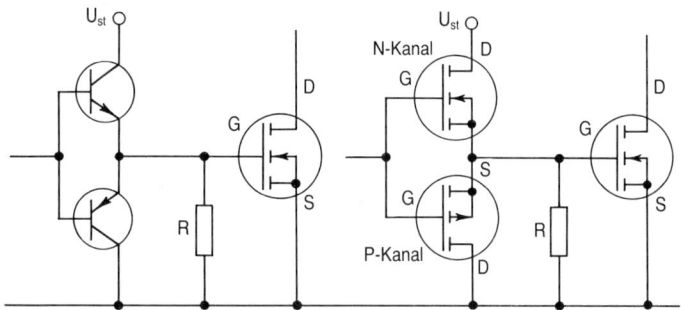

Bild 94: Überbrücken der hochohmigen Schaltbereiche eines Generators durch einen Parallelwiderstand R zu G–S des Leistungstransistors.

Transistoren nahezu U_B erreichen kann (kleiner Spannungsabfall U_{DS}). $U_L + U_g$ kann daher bis zu 20 V über U_B liegen. Man kann also die Gatespannung nur in den Schaltpausen der Stufe von U_B gewinnen oder man überträgt die notwendige Energie mit dem Steuerimpuls, wie dies bei Übertragerkopplung der Fall ist.

f) Geringe Restspannung der Steuerstufe bei U_B = »LOW« und negative Gatespannung: Um einen MOS-Transistor abzuschalten, ist eine Gatespannung notwendig, die kleiner ist als die Einsatzspannung. Je größer die Differenz zwischen Gatespannung im eingeschalteten Zustand und Einsatzspannung ist, um so länger wird der Abschaltvorgang dauern. Die aufgeladene Gatekapazität muß sich ja, wie in Bild 98a gezeigt, über den

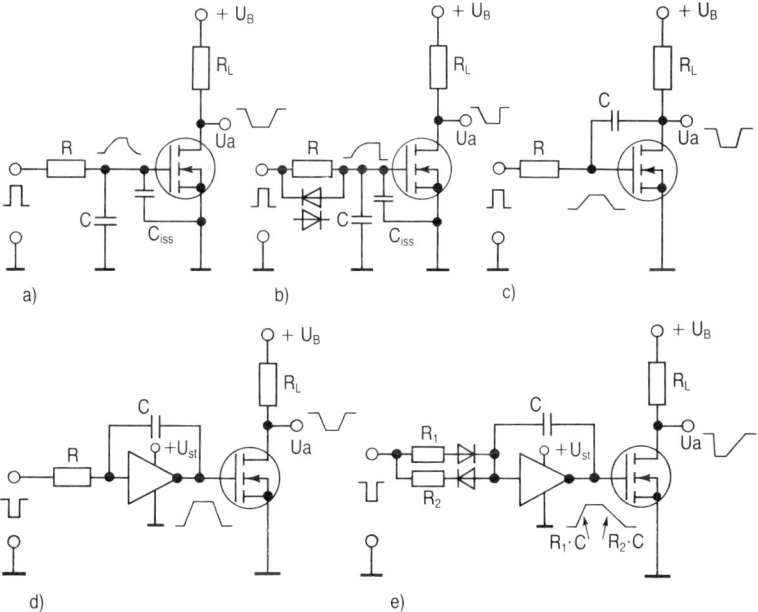

Bild 95: Schaltungsvarianten für die Veränderung der Flanken der Steuerimpulse.
a) RC-Glied.
b) Veränderung der Anstiegs- oder Abfallflanke mit Diode.
c) Verwendung einer Gegenkopplungskapazität (lastabhängig).
d) Integrator.
e) Verschiedene Flanken mit Integrator.

Generatorinnenwiderstand entladen. Wesentlich beschleunigen kann man den Vorgang durch niederohmiges Kurzschließen dieser Kapazität oder durch Anlegen einer Gegenspannung (Bild 98b).

g) ***Geringe Koppelkapazitäten zwischen Steuer- und Lastseite:*** Um Störungen von der Steuerelektronik fernzuhalten, ist es selbstverständlich, die Koppelkapazitäten zwischen Steuer- und Leistungsteil einer Ansteuerschaltung so gering wie möglich zu halten.

Verschärfend zu dieser Forderung wirkt der Umstand, daß oft im Lastteil sehr hohe Spannungssteilheiten auftreten können, die selbst über kleine Kapazitäten große Störimpulse erzeugen.

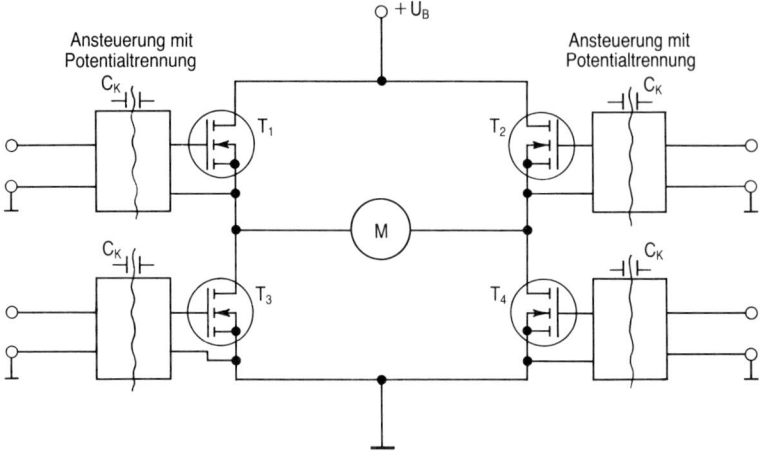

Bild 96: Floatende Ansteuerung einer Vollbrücke.

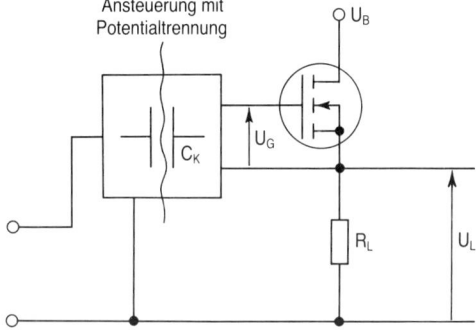

Bild 97: Schaltung eines Sourcefolgers.

h) Kompakter induktivitätsarmer Aufbau: Diese Eigenschaften sollten natürlich bei keiner Ansteuerschaltung fehlen. Am günstigsten hat sich der Aufbau des Treiberbausteins auf einer kleinen Platine, die direkt an den Beinchen des MOS-Transistors befestigt wird, erwiesen. Bild 99 zeigt die Aufnahme einer Ansteuerschaltung, die nach diesem Vorschlag aufgebaut wurde.

Es folgen nun einige prinzipiell möglichen Grundschaltungen für Ansteuerstufen mit der Erläuterung ihrer wichtigsten Eigenschaften.

106

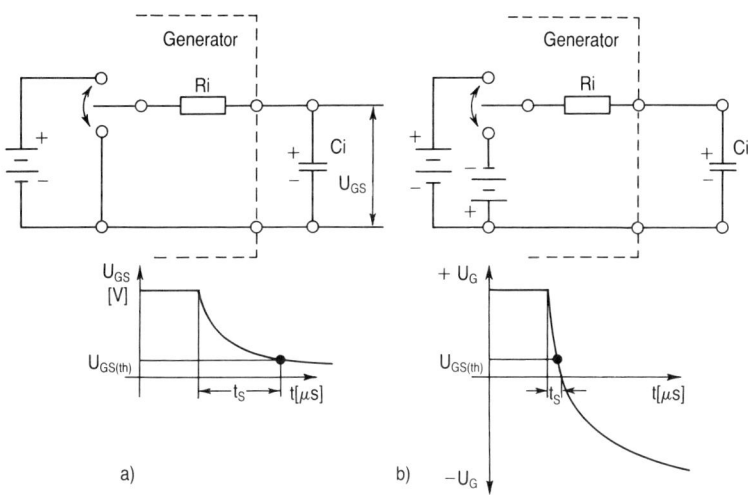

Bild 98: Vorteile der Abschaltung eines MOSFETs mit negativer Steuerspannung.

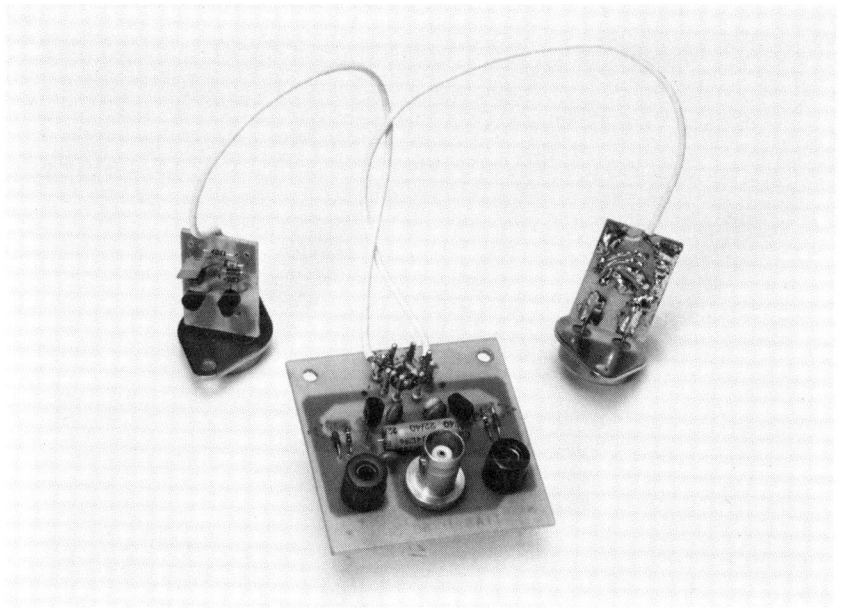

Bild 99: Ansteuerschaltung direkt auf die Anschlußstifte eines TO 3 Leistungs-MOS-Transistors montiert.

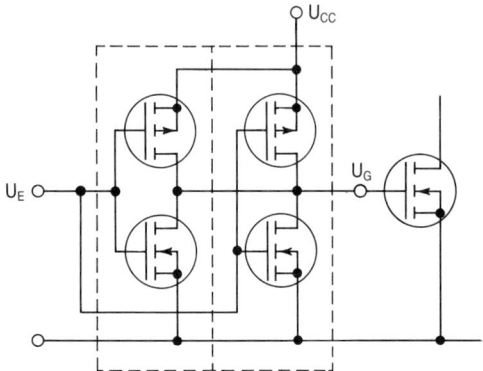

Bild 100: CMOS-Treiber.

6.5 CMOS-Gatter (Bild 100), Eigenschaften

– Einfacher Aufbau und geringe Kosten (meist mehrere Gatter in einem Baustein).
– Phasenumkehr des Eingangsimpulses.
– Durch Parallelschaltung ist eine einfache Anpassung der Steuerstufen an den Leistungstransistor und eine Variation der Schaltzeiten möglich.
– Es fließt kein Ruhestrom in der Steuerstufe.
– Bei $U_{cc} > 8$ V große Störsicherheit.
– Kein definierter Schaltzustand bei $U_{cc} < 3$ V.
– Der Innenwiderstand des Bausteines ist bei abgeschalteter Logikversorgungsspannung U_{cc} groß.

6.6 Komplementär Emitterfolger (Bild 101), Eigenschaften

– Einfacher Aufbau mit diskreten Bauelementen möglich.
– Kein Invertieren des Eingangsimpulses.
– Der Innenwiderstand der Schaltung ist auch bei abgeschalteter Versorgung klein, da bei positiver Gatespannung U_g (durch kapazitive Einkopplung) über C und R_2, T_2 Basisstrom führen und damit einschalten kann.
– Anstiegszeiten sind mit R_1 und C einstellbar.
– Die Verwendung einer negativen Steuerspannung U_E ist möglich (jedoch Vorsicht: U_{BE}-Durchbruch von T_1).

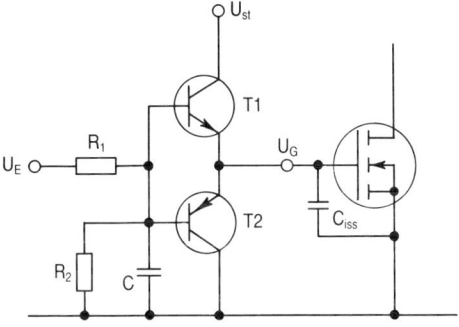

Bild 101: Komplementär-Emitterfolger.

- Die Restspannung bei U_E = LOW ist schaltungsabhängig (sie sollte möglichst klein sein).
- Die Schaltflanken verlaufen nach einer e-Funktion.
- Beim langsamen Durchlaufen der Impulsflanken ist zu beachten, daß bedingt durch die U_{BE}-Schwellen von T_1 und T_2 die Schaltung kurz hochohmig wird.

6.7 Komplementär Kollektortreiber (Bild 102), Eigenschaften

- Phasenumkehr des Eingangsimpulses.
- Schnelle Lade- und Entladezeiten von C_{iss} des Leistungstransistors möglich.
- Die Schaltung ist bei abgeschalteter Steuerung hochohmig.
- Schaltungsbedingter Ruhestrom
- U_G min $\geq U_{CESat}$ von T_2
- Je nach Schaltungsauslegung kann die Steuerstufe beim Durchschalten hochohmig werden.
- Beim überlappenden Schalten von T_1 und T_2 können hohe Stromspitzen entstehen.
- Die Schaltschwelle für U_E liegt niedrig.
- Ausführung mit kapazitiver Kopplung (floatender Betrieb von T_1) möglich.

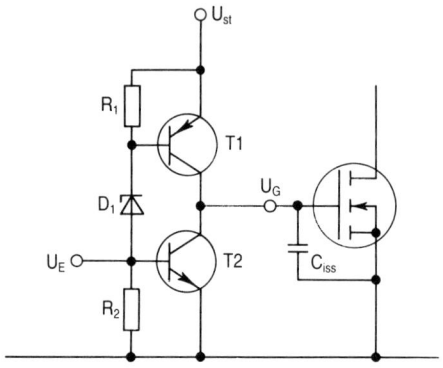

Bild 102: Komplementär-Kollektortreiber.

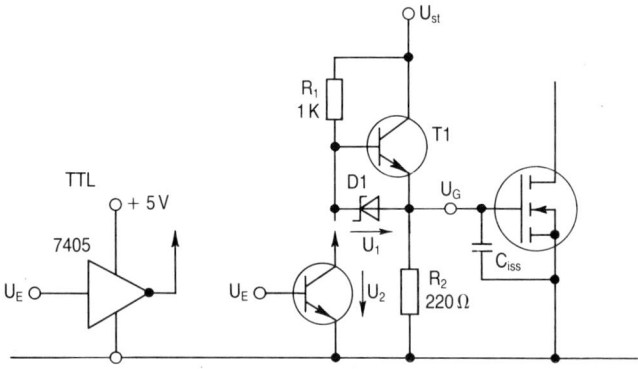

Bild 103: »Totem-Pole«-Treiber.

6.8 »Totem-Pole«-Treiber (Bild 103), Eigenschaften

- Phasenumkehr des Steuersingales U_e
- Je nach Dimensionierung von R_1 mehr oder weniger Ruhestrom für U_G = »Low«
- T_1 sollte nicht übersteuert werden, da sonst lange Abschaltzeiten entstehen.
- Für D_1 empfiehlt sich der Einsatz einer Schottky-Diode um die Speicherladung möglichst gering zu halten.
- Die Restspannung für U_G = »Low« beträgt $U_{GL} = U_1 + U_2$.
- Fehlt die Versorgungsspannung für die Steuerung U_{St}, ist der Leistungstransistor mit R_2 kurzgeschlossen.

110

6.9 Einfache Transformatorkopplung (Bild 104, 105), Eigenschaften

- Ansteuerung durch Wechselspannung, die in einem Sperrschwinger erzeugt wird (Bild 105).
- Langsame Ein- und Ausschaltflanken.
- Einfacher Relais-Ersatz.

Nach diesen einfachen Grundschaltungen sollen nun weitere Beispiele von Ansteuerschaltungen gezeigt werden. Dazu ist die Auswahl einiger typischer Beispiele aus dem großen Angebot, der bis heute entwickelten Ansteuerschaltungen für Leistungs-MOSFET's, erforderlich. Als allgemeine Richtlinie gilt jedoch, daß mit einer korrekt aufgebauten und gut an die Leistungsstufe angepaßten Ansteuerschaltung viele Probleme vermieden werden können. Nach [3] bildet die in Bild 106 gezeigte Schaltung einen schnellen Treiber mit Komplementär-Darlington-Schaltung. Eine weitere Möglichkeit ist die Verwendung eines Bausteines DS 0026 nach Bild 107, der Spitzenströme bis ± 1,5 A liefert. Bild 108a-c zeigt einige Variationen mit dem 6fach-CMOS-Treiber 4049. Im Beispiel a) werden drei parallelgeschaltete Gatter verwendet. In einer Vollbrücke z. B. werden die verbleibenden drei Gatter für den gegenüberliegenden Brückenteil benötigt. Um die Schaltflanken steiler zu gestalten, wurden in b) fünf Gatter parallelgeschaltet und eines zum Invertieren des Steuersignal herangezogen. Zur störungsfreien Ansteuerung von drei parallelgeschalteten MOS-Leistungstransistoren werden in Bild 108c zur Entkopplung der drei Transistoren je zwei Gatter pro Transistor verwendet.

Bei Parallelschaltungen ist allgemein auf folgende Punkte zu achten:
- Symmetrischer Aufbau auf der Lastseite.
- Kurze Leistungsführung (kleine Induktivitäten).
- Geringste Koppelkapazitäten.
- Gegenseitige Entkopplung der Gate-Anschlüsse durch Verwendung von Entkopplungswiderständen (ca. 10–100 Ω pro Transistor) oder getrennten Ansteuerstufen.

Beachtet man diese Punkte nicht, so kann dies zu unangenehmen Schwingungen in der Stufe selbst führen, die unter Umständen zu einer Zerstörung der Transistoren führen können. Neben diesen elektrischen Verhaltensmaßregeln muß auch noch die Forderung einer guten thermischen Kopplung aller Leistungstransistoren erfüllt werden. Erst dies ermöglicht eine

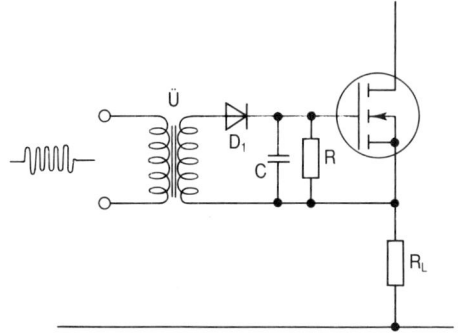

Bild 104: Einfache Transformatorkopplung.

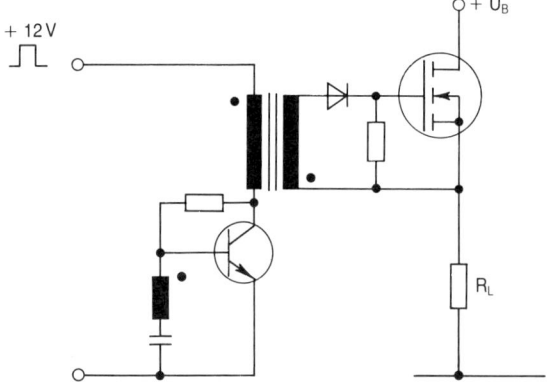

Bild 105: Galvanische Trennung mit Trafokopplung und Ansteuerung mit Sperrschwinger,
f = 300 kHz.

gleichmäßige Aufteilung des Laststromes auf alle beteiligten Leistungstransistoren.

Eine bewährte Impuls-Ansteuerschaltung nach [4] zeigt Bild 109. Die Schaltzeiten eines Leistungstransistors können mit dieser Schaltung zwischen 2 μs und einigen 100 ms eingestellt werden. Neben einem kleinen dynamischen Innenwiderstand, auch bei fehlender Steuerspannung, werden hohe Flankensteilheiten und weitgehende Störunempfindlichkeit der Gatespannung erreicht. Es ist mit dieser Schaltung ein kleiner kompakter Aufbau einer »schwebenden« Ansteuerung möglich. Auf einem Übertra-

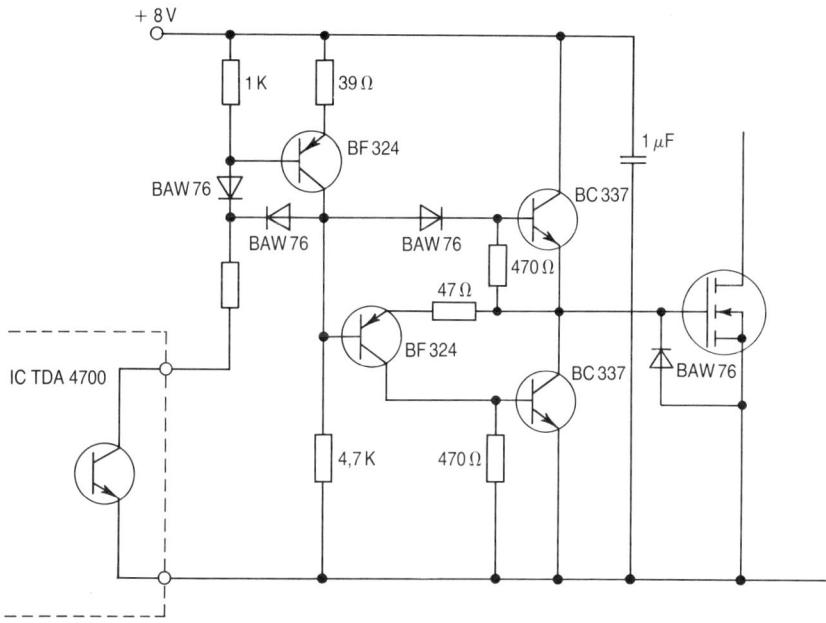

Bild 106: Schneller Treiber mit komplementärer Darlingtonschaltung.

gerkern können auch mehrere Sekundärwicklungen und damit mehrere potentialfreie Ausgänge angebracht werden. Zunächst jedoch kurz die Funktion der in Bild 109 gezeigten Stufe.

Das am Eingang anliegende Signal U_1 steuert abwechselnd je nach Impulsflanke T_2 (positive Flanke zur Zeit t_1) und T_1 (negative Flanke zur Zeit t_2). Der übertragene Steuerimpuls erscheint an W3 als positiver Einschaltpuls. Es wird über D_1, C_2 geladen und gleichzeitig über D_z, T_3 eingeschaltet. Die Eingangskapazität C_G wird schnell auf U_3 aufgeladen, der Leistungstransistor schaltet ein. R_M bedämpft die negative Spannungsspitze des Einschaltimpulses. U_3 bleibt, sofern C_2 genügend Ladung hat und die fließenden Leckströme klein sind, über längere Zeit konstant. Die Schaltung »merkt« sich also mit der Ladung von C_1 den eingeschalteten Zustand. Selbst dynamische Störungen, die über den Leistungsteil eingekoppelt werden, können über T_4 abgeleitet werden. Wird ein Abschaltimpuls (U_2 negativ) zum Zeitpunkt t_2 übertragen, so lädt sich C_1 auf negative Spannung um und T_4 wird leitend. C_G entlädt sich. Der Leistungstransistor schaltet ab.

113

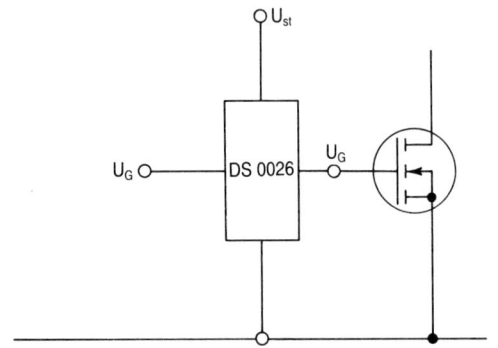

Bild 107: Verwendung eines Bustreiberbausteines als Ansteuerbaustein.

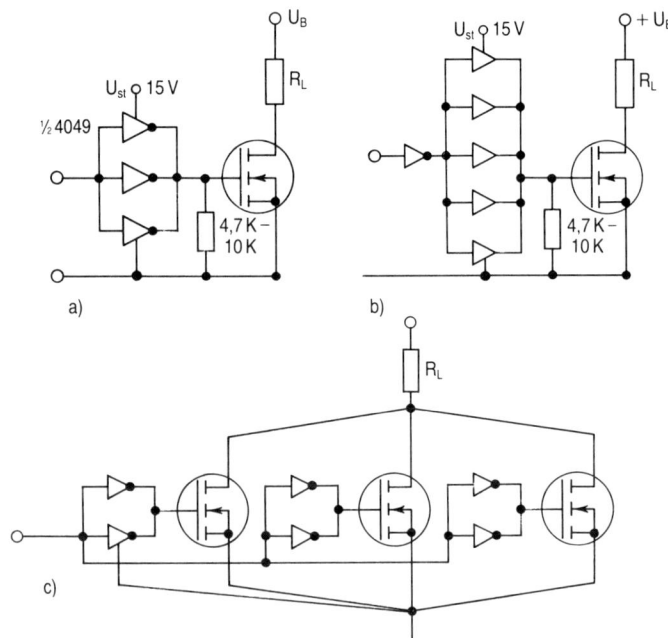

Bild 108 a–c: Unterschiedlicher Einsatz des CMOS Inverters 4049.

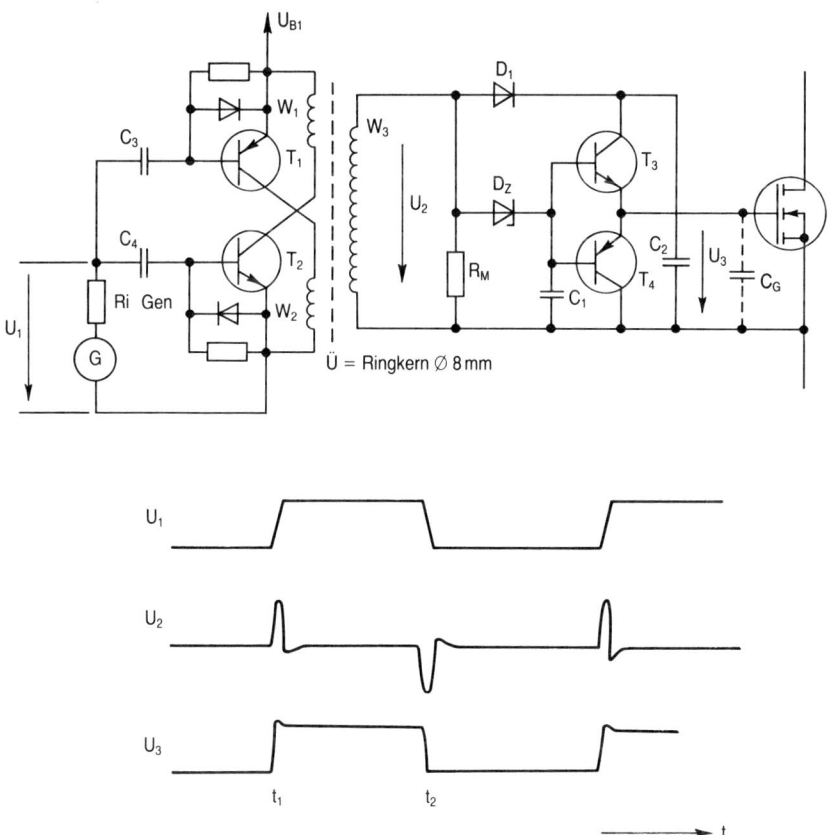

Bild 109: Impulsansteuerschaltung.

In vielen Anwendungen müssen beide Transistoren einer Halbbrücke angesteuert werden. Die dazu notwendigen gegenphasigen Ansteuersignale entstehen durch die Wahl unterschiedlicher Polaritäten der Sekundärwindungen (siehe Bild 110). Diese Schaltung zeigt auch zusätzlich noch eine Variation der primärseitigen Ansteuerung. Sie bietet den Vorteil, längere Zeit positive Gatespannung aufrechterhalten zu können. Dies geschieht einfach dadurch, daß der Einschaltimpuls an T_2 für Leistungstransistor A in Zeitabständen von z. B. 10 ms wiederholt wird. Einschalt- und Abschaltimpuls sind hier voneinander unabhängig. Abgeschaltet wird

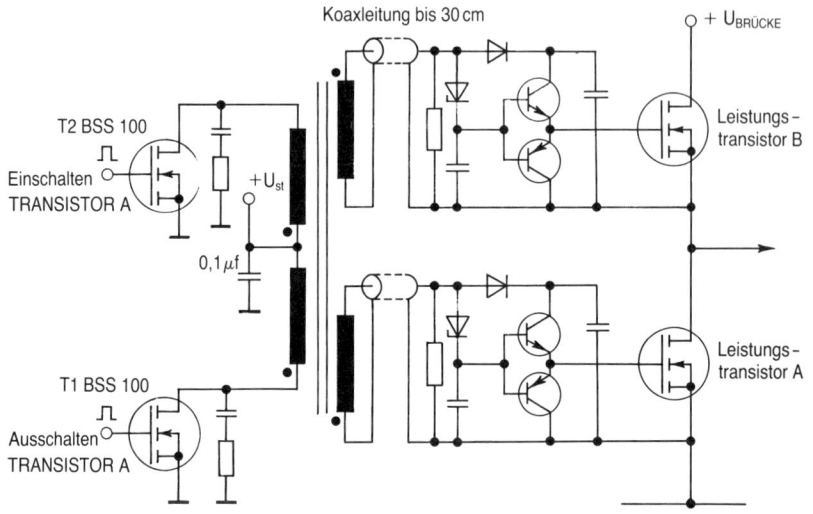

Bild 110: Ansteuerschalter mit Potentialtrennung über Impulsübertrager.

durch einen Impuls an T_1. Dies ist aber gleichzeitig auch der Einschaltimpuls von Leistungstransistor B. Nun wird T_1 in regelmäßigen Abständen wiederholt eingeschaltet usw.

Zwei weitere Varianten mit Hilfsspannungsversorgung zeigt Bild 111a-b. Die Hilfsspannung kann durch ein kleines Schaltnetzteil erzeugt werden. Im Beispiel a) wird mit MOSFET T 3 eingeschaltet und mit MOSFET T 4 abgeschaltet. Bild 111b zeigt eine Steuerstufe mit positiver und negativer Gate-Steuerspannung. Weitere Schaltungen mit Potentialtrennung sind in Bild 112a-c zu sehen.

In Schaltung 112a nach [5] fungiert ein Piezo-Zündkoppler als potential trennendes Glied zwischen Steuer- und Leistungsteil. Die Isolationsspannung beträgt 4 kV. Die Schwingfrequenz der primärseitigen Rechtecksignale beträgt ca. 90 kHz. Die Ein- und Ausschaltzeiten betragen $t_{EIN} \simeq$ 65 μs; $T_{AUS} \simeq 50 \mu$s. Die Schaltung ist also nicht besonders schnell. Wichtig ist hier nur die Potentialtrennung zwischen Steuer- und Lastseite.

Die nach [6] in Bild 112b gezeigte Schaltung erlaubt die Nutzung des vollen Hubes der Sekundärspannung durch eine Spannungsverdopplerschaltung C_2, D_1, D_2, unabhängig vom Tastverhältnis. Die übertragene Energie wird in C_3 zwischengespeichert. Als Steuerstufe dient ein CMOS-Treiber. Diese

116

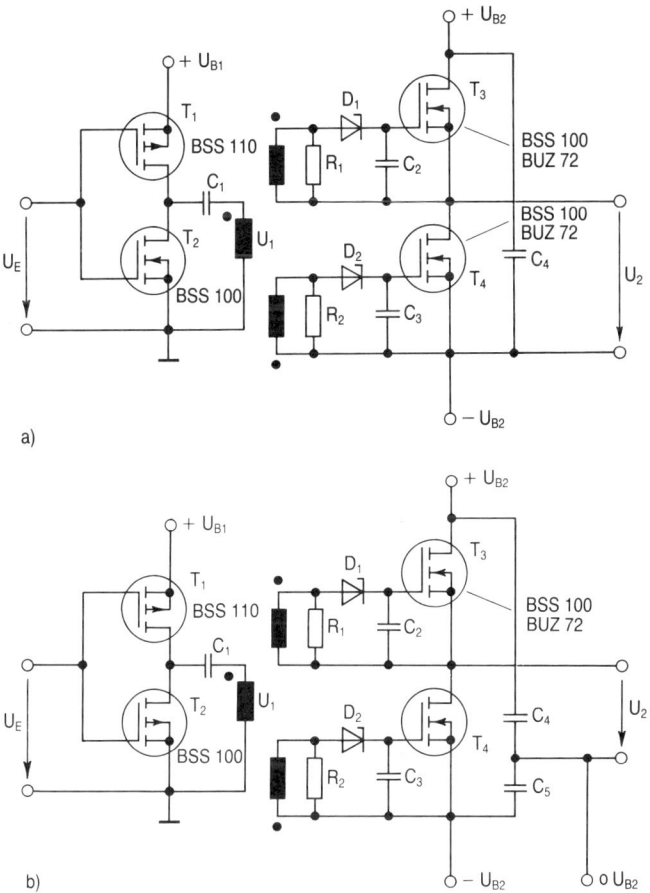

a)

b)

Bild 111: Ansteuerschaltungen mit Hilfsspannungsversorgung;
a) mit positiver Hilfsspannung, b) mit positiver und negativer Hilfsspannung.

Schaltung regelt jedoch Störeinflüsse nicht so gut aus, wie die in Bild 109 beschriebene. Ein Überstrom wird einfach durch Entladung von C_2 durch T_4 abgeschaltet.

Eine ähnlich arbeitende Schaltung nach [7] zeigt Bild 112c. Der differenzierte, positive Eingangsimpuls schaltet ein aus CMOS-Invertern gebildetes Flip-Flop (A, D) ein. Der nachgeschaltete Treiber, bestehend aus drei Invertern, steuert den Leistungs-MOSFET.

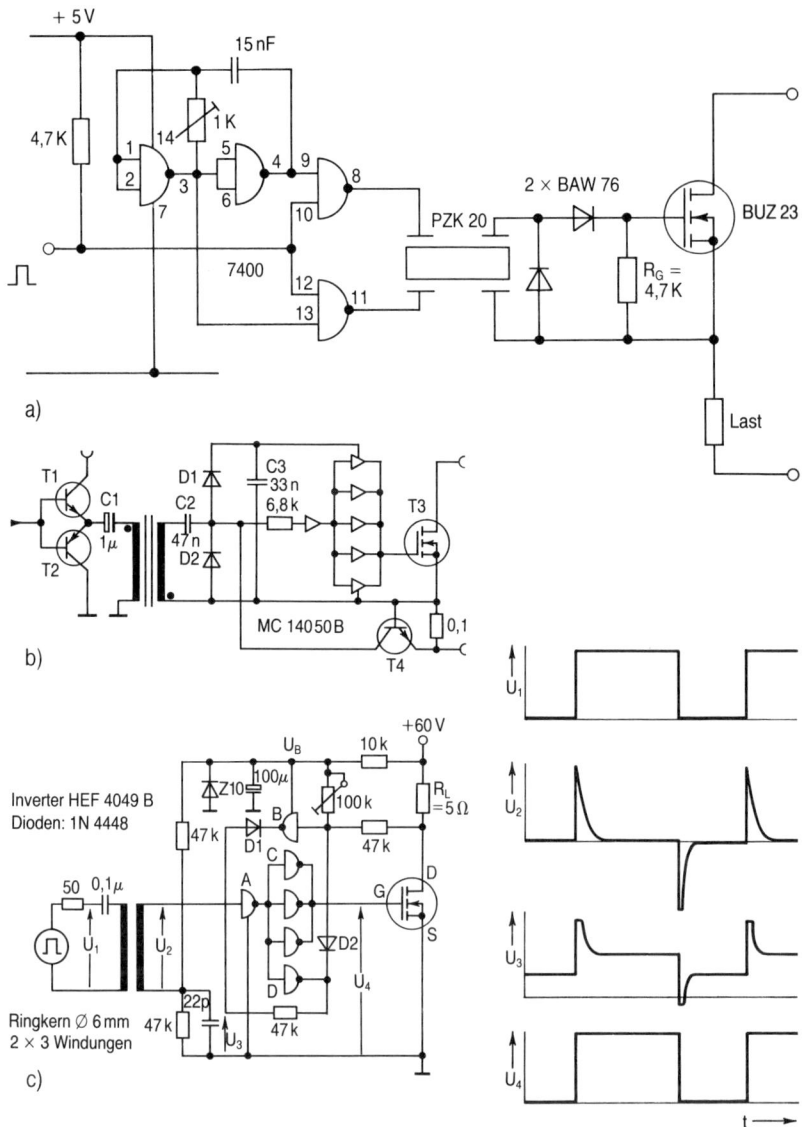

Bild 112: Verschiedene Ansteuerschaltungen für Potentialtrennung.

a) Ansteuerung und Potentialtrennung mit Piezo-Zündkoppler ($t_{ein} > 65$ μs, $t_{ab} > 50$ μs).

b) Ansteuerung mit Potentialtrennung über Überstromschutz über Meßshunt und T_4.

c) Ansteuerung mit Potentialtrennung und Überstromschutz durch Indikation von U_{DS} im eingeschalteten Zustand.

118

Die Versorgung der Anordnung wird von der Lastseite her über 10 kΩ; 100 μF und Z10 erzeugt. Die Überstromabschaltung (B, D_1) verwendet den Leistungs-MOSFET als Meßwiderstand. Tritt Überstrom auf, so wird Flip-Flop A, D über D_1 zurückgesetzt. D_2 klemmt den Eingang von B auf 0 Potential. Auf dem nebenstehenden Impulsdiagramm sind die wichtigsten Spannungsverläufe dargestellt.

Aus diesen gezeigten Beispielen wird ersichtlich, in welcher Fülle verschiedenste Varianten von Ansteuerschaltungen zur Verfügung stehen. Alle zeichnen sich durch folgende Merkmale aus:
- Sie sind klein und meist direkt an die Gate- bzw. Source-Anschlüsse des Leistungstransistors montierbar.
- Sie benötigen in den meisten Fällen keine eigene Versorgungsspannung.
- Sie sind billig und ohne viel Aufwand realisierbar.

6.10 Parallelschalten von MOSFET's

Die Leistungs-MOSFET's sind Zellenstrukturen, d. h. sie bestehen in sich aus oft mehr als 10000 parallelgeschalteten kleinen Einzeltransistoren. Es ist daher naheliegend, wenn man die Parallelschaltung von MOSFET's als problemlos ansieht. Dies unter der Voraussetzung, daß alle elektrischen Daten der parallel zu schaltenden Einzeltransistoren identisch sind und, was sehr wichtig ist, daß das Parallelschalten der Transistoren ohne Streuinduktivitäten erfolgt.

Wenn wir nur das Gleichstromverhalten im voll eingeschalteten Zustand betrachten, sind MOSFET's gleichen Typs und mit gleicher Kühlung versehen ohne Bedenken parallel schaltbar. Der Einschaltwiderstand steigt mit der Temperatur an und verteilt dadurch die Belastung automatisch zwischen den Parallel-FET's. Keiner der Transistoren wird übermäßig erwärmt, und es ergibt sich ein stabiler Zustand. Der Spannungsabfall auf allen Paralleltransistoren ist gleich. Erwärmt sich ein Transistor, dann steigt sein Widerstand, und der durch ihn fließende Strom reduziert sich. Der stabile Zustand des Systems wird wieder eingestellt. Die Stromaufteilung bei den parallel geschalteten MOSFET's ist ganz einfach: Der besser gekühlte Transistor leitet mehr Strom als der schlechter gekühlte. Dementsprechend ist es zweckmäßig, wenn beim Aufbau für alle parallel geschalteten Teile sorgfältig auf die gleiche Wärmeabführung geachtet wird. Besonders wichtig ist dies, wenn nicht nur zwei oder drei, sondern

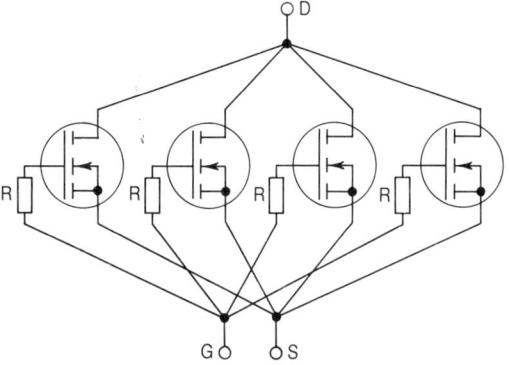

Bild 113: Parallelschalten und Entkopplung der Gate-Anschlüsse über Gate-Serienwiderstände (R ≈ 10–100 Ω).

viele (10 bis 100) Transistoren parallel arbeiten. Dann muß im ungünstigsten Fall der bestgekühlte Transistor den mehrfachen Strom des erlaubten, zulässigen Stromes führen, was zu einer Zerstörung des Transistors führen kann.

Um unnötige Probleme beim Parallelschalten zu vermeiden, sollte man nur gleiche Typen, gegegebenenfalls nach der Gate-Einsatz-Spannung selektiert, parallel schalten, und alle Transistoren auf einen gemeinsamen Kühlkörper montieren. Es ist nicht ratsam, Leistungs-MOSFET's im Kunststoffgehäuse ohne gemeinsamen Kühlkörper parallel zu schalten, da der Gesamt-Wärmewiderstand von freistehenden Transistoren im Kunststoffgehäuse selten gleich ist. Selbstverständlich können beliebige Transistorarten und -typen parallel geschaltet werden, wenn nur Wert auf den Durchlaßwiderstand gelegt wird. Die Strombelastung sollte so klein gewählt werden, daß die Wärmeentwicklung vernachlässigbar bleibt.

Dies alles betrifft die Parallelschaltung für den eingeschalteten Zustand. Für den Schaltvorgang müssen zusätzliche Vorkehrungen getroffen werden, um eine einwandfreie Funktion zu gewährleisten.

Das erfahrungsgemäß größte Problem ist das »Schwingen« der parallel geschalteten Transistoren. Dies ist ein oszillatorartiges Schwingen des

120

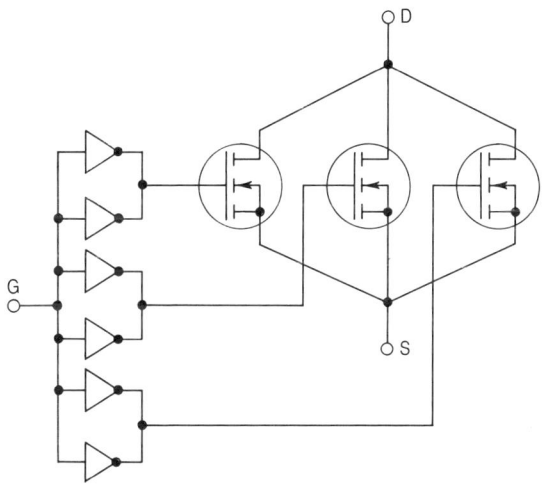

Bild 114: Entkopplung der Gate-Anschlüsse durch getrennte Ansteuerung der Transistoren mit einem Mehrfachinverter.

Systems, hervorgerufen durch Rückkopplung der einzelnen Transistoren über die Streuinduktivitäten. Die Schwingfrequenz liegt im allgemeinen sehr hoch, da die Streuinduktivitäten und -kapazitäten sehr klein sind und die Leistungs-MOSFET's in den Pentodenbereichen des Kennlinienfeldes bis zu 800 MHz Grenzfrequenz haben können.

Um die Schwingungen zu vermeiden, wird empfohlen, die Parallelschaltung möglichst symmetrisch und induktivitätsarm aufzubauen. Außerdem ist es ratsam, besonders auf die Ansteuerung zu achten. Eine bewährte Möglichkeit ist, die Gate-Anschlüsse nicht direkt, sondern, wie es im Bild 113 dargestellt ist, mit kleinen Gate-Serienwiderständen zusammenzuschalten. Die Ansteuerung mit einem CMOS-Treiber mit Mehrfachausgängen kann auch verwendet werden, um Schwingungen zu vermeiden (Bild 114). Die Parallelschaltung wird meistens dann eingesetzt, wenn der zu schaltende Strom den Bereich eines einzelnen Transistors übersteigt, also sehr groß ist, unter Umständen mehrere hundert Ampere. Beim Schalten von hohen Strömen ist es äußerst wichtig, auf die Überspannungsspitzen beim Abschalten zu achten. Die Schutzschaltung gegen Überspannungen ist, wie in Bild 115 dargestellt, auf jeden Fall zu verwenden . Diese Art von Überspannungsschutz benutzt den eigentlichen Leistungsschalter

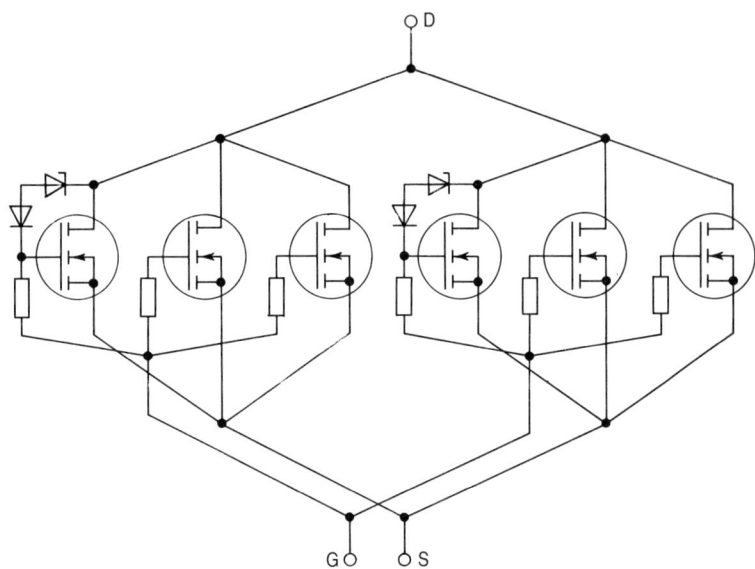

Bild 115: Überspannungsschutzschaltung für jede Transistorgruppe in einer Parallel-schaltung.

für die Vernichtung der aus den Streuinduktivitäten beim Abschalten freigesetzten Energie. Keine andere Schutzmaßnahme ist so wirkungsvoll und einfach. Die Schaltung wurde bereits im vorhergehenden Kapitel näher erklärt.

6.11 Kühlung

Wie schon im Kapitel Parallelschaltung deutlich hervorgehoben, ist es notwendig, die Leistungs-MOS-Transistoren auf möglichst gleichem »Thermschen Potential« zu halten und gut zu kühlen. Die Maximal zulässige Verlustleistung eines Transistors bestimmt sich nach (6.1) aus der Temperaturdifferenz Kristall-Gehäuse (T_j–T_c) in (°C) und dem thermischen Widerstand R_{thJC} (K/W)

$$P_{max} = \frac{T_j - T_c}{R_{thJC}} \tag{6.1}$$

122

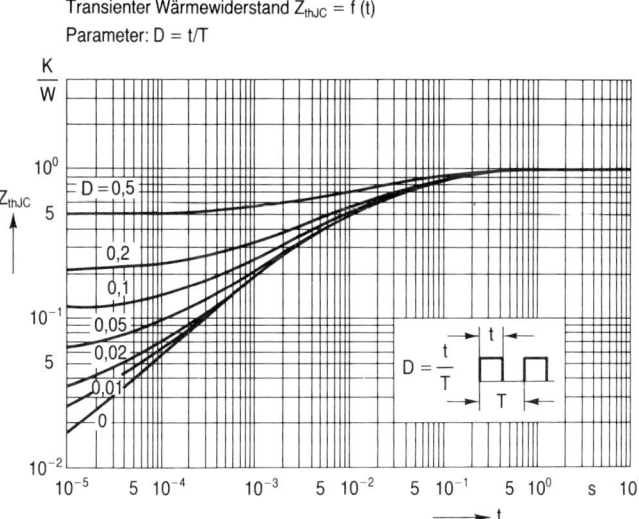

Bild 116: *Diagramm des transienten Wärmewiderstandes Z_{thJC}.*

Hier wird angenommen, daß das Gehäuse des Transistors auf konstanter Temperatur liegt. In der Praxis ist das Bauelement jedoch auf einem Kühlkörper montiert.
Die Montage ergibt einen thermischen Widerstand R_{th2}. Der Kühlkörper selbst hat einen thermischen Widerstand R_{th3}. Seine Temperatur bezeichnen wir mit T_a. Die endgültige maximal zu verarbeitende Verlustleistung errechnet man:

$$P_{max} = \frac{T_j - T_a}{R_{thJC} + R_{th2} + R_{th3}} \qquad (6.2)$$

T_a steht hier für Umgebungstemperatur des Kühlkörpers. Bei gegebenen thermischen Widerständen und der Kristalltemperatur T_j bzw. der maximalen Umgebungstemperatur T_a läßt sich die maximale Verlustleistung leicht berechnen.
Dies gilt alles für den statischen Fall der Verlustleistung. Schaltet man den Transistor, so treten nur kurzzeitig thermische Belastungsspitzen auf.

123

Diese können sich, da Silizium ein guter Wärmeleiter ist, gut in Halbleiter-
kristallen verteilen und abbauen. Das bedeutet aber, daß man den Halbleiter impulsmäßig teilweise höher belasten kann als statisch. Genauere
Auskunft über dieses Verhalten gibt uns das Diagramm des transienten
Wärmewiderstandes Z_{thJC}. Abhängig vom Tastverhältnis der Belastung,
der Chipgröße, der Montage und der Gehäuseeigenschaften ergibt sich ein
mehr oder weniger günstiger Wert für den R_{thJC}, eben der Z_{thIC}. Mit diesem
Wert ist auch bei dynamischer Belastung zu rechnen.

$$P_{max} = \frac{T_c - T_a}{Z_{thJC} + R_{th2} + R_{th3}} \qquad (6.3)$$

Die entsprechenden Werte sind aus einem Diagramm, wie Bild 116 zu
entnehmen, das von den Transistorherstellern im Datenbuch veröffentlicht
wird.

6.12 Grundprinzipien für die Anwendung von Leistungs-MOSFET's als Schalter für induktive Lasten

Bekanntlich ist die Selbstinduktionsspannung an einer Induktivität proportional zur Änderungsgeschwindigkeit des Stromes (6.4).

$$U_s = -L \cdot \frac{di}{dt} \qquad (6.4)$$

Da jedes Stück Draht eine, wenn auch kleine, Induktivität darstellt, haben
wir immer – auch beim Schalten von ohmschen Lasten – Induktivitäten im
Spiel. Diese Feststellung wird um so wichtiger, je schneller ein Leistungsschalter einen Strompfad unterbrechen kann. Die auftretende Selbstinduktionsspannung addiert sich dann zur Batteriespannung. Man sieht, daß man
mit MOS-Bauelementen sehr schnell die Grenzen erreichen kann, wo nicht
vernachlässigbare, induktive Anteile im Lastkreis auftreten. Für das nun
folgende Kapitel wollen wir zwei wichtige Kriterien unterscheiden: Einmal
das Schalten von Lasten, wobei Induktivitäten nur in Form von Leitungen
bzw. Leiterschleifen vorkommen (siehe Bild 117a); zum anderen das Schalten von Induktivitäten zum Zwecke der Energieübertragung. Bei diesen
Anwendungen ist das Auftreten einer Überspannung sogar erwünscht, wie
dies z. B. bei einem Sperrwandler in Bild 117b der Fall ist.

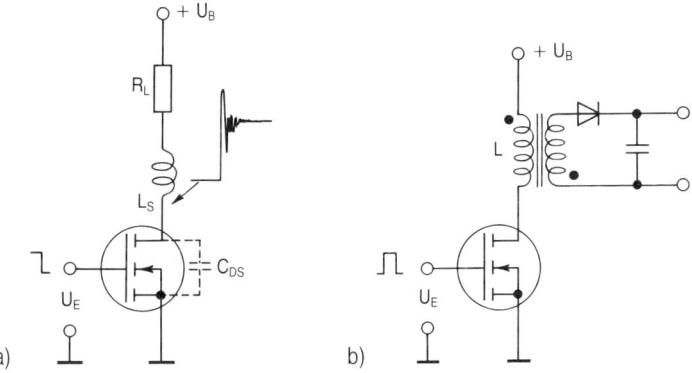

Bild 117: Schalten von Lastwiderständen:
a) Auftreten von Überspannungen durch Schalten einer Ohmschen Last mit parasitären Leitungsinduktivitäten.
b) Beim Sperrwandler tritt während der Schaltpausen an der Primärinduktivität eine Überspannung auf.

6.13 Die Induktivität als parasitäres Bauelement

Da das Schalten von Lasten mit parasitären induktiven Anteilen fast in jeder Anwendung vorkommt, sollen nun einige wichtige Gesichtspunkte behandelt werden. Um die Größe von induktiven Spannungsspitzen zu reduzieren, kann man verschiedene Schutzschaltungen vorsehen, wie in Bild 118a-d gezeigt wird. In Bild 118a wird ein RC-Glied, auch als Snubber-Netzwerk bezeichnet, für die Dämpfung des Spannungsanstieges am Transistor verwendet. Negativ wirkt sich jedoch diese Beschaltung auf die Transistorverluste aus, da sich das RC-Glied in der Einschaltphase des Transistors über diesem entlädt. Bild 118b zeigt, wie die Transistorverluste vermindert werden können. Nachteilig sind hier zum einen die höheren Kosten, die durch die Diode verursacht werden und zum anderen die größeren Verluste in dem zum Transistor parallel liegenden Widerstand. Je nach Größe dieses Widerstandes fließt ein mehr oder weniger hoher Ruhestrom durch die Last. Eine weitere Möglichkeit zeigt das »Klemmen« der Drainspannung mit Diode und Hilfsspannungsquelle, wie in Bild 118c gezeigt wird. Die Hilfsspannungsquelle in dieser Schaltung ist jedoch meist nur mit erhöhten Kosten zu realisieren und daher unwirtschaftlich. Bild 118d zeigt einen Überspannungsschutz mit dem Leistungstransistor als

125

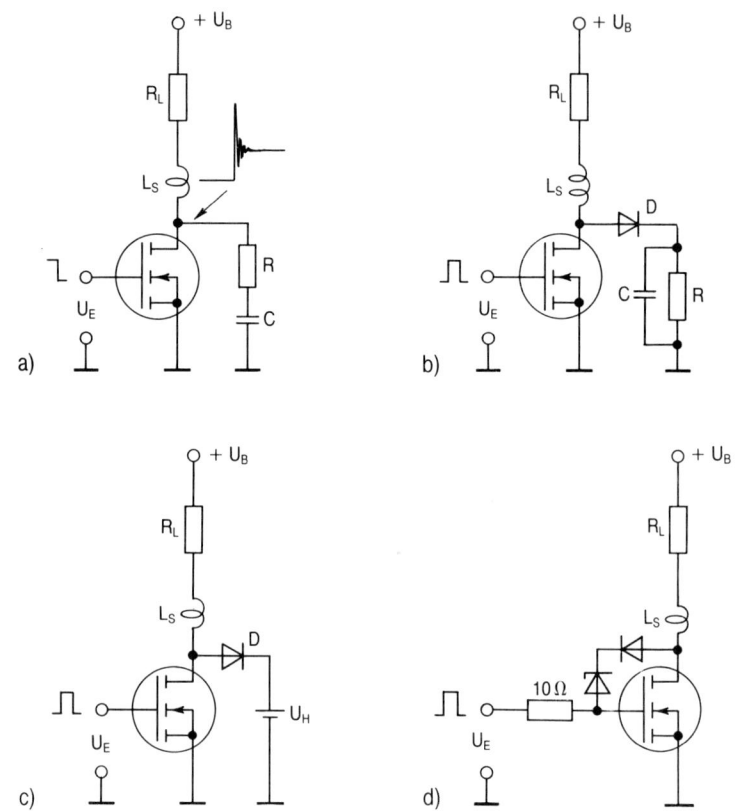

Bild 118: *Verschiedene Schaltungsmaßnahmen gegen Überspannungen:*
a) Bedämpfung durch Snubber-Netzwerk.
b) RC-Beschaltung ohne Erhöhung der Verluste am Leistungstransistor.
c) Drainspannungs-Klemmschaltung gegen Überspannung.
d) Überspannungsschutz mit Leistungstransistor als aktivem Schutzelement.

aktivem Schutzelement. Diese Anordnung reduziert zwar die Störspannungsspitze nicht, vernichtet aber die überflüssige Energie, so daß der Schalttransistor keinen Schaden erleidet.

Betrachtet man einen Störfall: Der Lastwiderstand ist teilweise oder ganz kurzgeschlossen. Es fließen kurzzeitig – bis die Störabschaltung in Aktion tritt – hohe Drainströme, die beim Störabschalten über die Streuinduktivitäten eine beträchtliche Überspannung erzeugen. In solchen Fällen werden

126

nur die Schaltungen (Bild 118c bzw. 118d) das Bauelement schützen können.

Es soll hier nochmals auf die Schaltungsvariante in Bild 118d hingewiesen werden, die in Kapitel 6.2 näher besprochen wurde. Sie allein ermöglicht einen umfassenden Überspannungsschutz für ein Leistungsbauelement; zum einen bei periodisch auftretenden Überspannungen, wobei hier mit einer leichten Erhöhung der Transistorverlustleistung zu rechnen ist und zum anderen für den Katastrophenfall (Kurzschluß der Last) mit hohen Überspannungen. Allgemein gilt:

– Je schneller geschaltet wird und je höher die geschalteten Ströme sind, desto kritischer werden parasitäre Induktivitäten.

Daher sind die obersten Gebote für eine Schaltung mit Leistungs-MOS-FET's:

1) Überflüssige Induktivitäten möglichst vermeiden durch:
   – kurze Leitungsführung,
   – kompakten Aufbau der Schaltung.
2) Immer einen Überspannungsschutz vorsehen, und zwar für jeden MOS-FET oder jede MOSFET-Gruppe.

6.14 Die Induktivität als Lastelement

Wird in einer Schaltung eine Induktivität als Lastelement eingesetzt (z. B. als Schütz, Magnetventil oder Motor), so wird die beim Abschalten des Stromes auftretende Überspannung durch den Durchlaß-Spannungsabfall einer Freilaufdiode begrenzt (siehe Bild 119). Es ist darauf zu achten, daß MOSFET und Diode möglichst nahe beieinander angeordnet und mit kurzen Leitungen verbunden sind, da sich sonst über die vorhandenen Streuinduktivitäten viel zu große Überspannungen aufbauen können. Normalerweise richten diese Überspannungen keinen Schaden an, da Spannungsamplitude und Energie-Inhalt klein sind und nicht die Maximalwerte überschreiten. Doch muß oft auch für den »Katastrophenfall«, z. B. bei einem Kurzschluß der Relaisspule, vorgesorgt werden. In einem solchen Fall (Bild 120) können sehr hohe Ströme (I_K) im Drainkreis auftreten, die auch in den Streuinduktivitäten beachtliche magnetische Energie speichern. Wird der Kurzschluß aufgehoben, so würde, wären keine Verluste vorhanden, der Strom I_K in Verbindung mit einer hohen Drain-Source-Überspannung weiterfließen. Je nach den Schaltungsgegebenheiten stellt

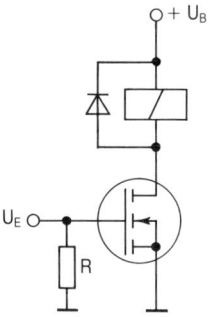

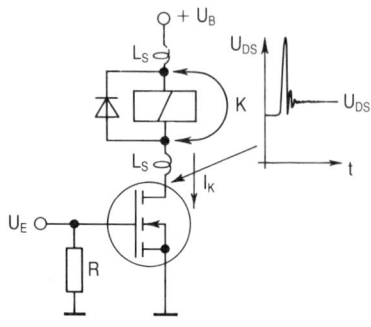

Bild 119: Beschaltung eines Relais mit einer Freilaufdiode.

Bild 120: Kurzschlußfall einer Relaisspule.

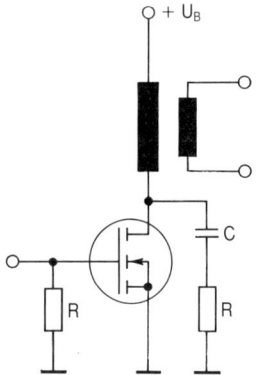

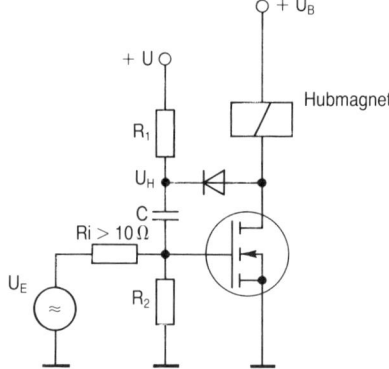

Bild 121: Begrenzen der Überspannung durch eine RC-Beschaltung.

Bild 122: Klemmen der Überspannung mit Hilfsspannung U_H und Transistor als aktivem Überspannungsschutz.

sich eine Überspannung und ein damit verbundener Strom im Durchbruch ein. Eines ist jedoch sicher: Der Transistor kann diese nun sehr energiereiche Überspannung, nicht ohne Schaden zu nehmen, verarbeiten.

Will man eine Schaltung auch für diese Katastrophenfälle sicher gestalten, so empfiehlt sich wiederum die Überspannungs-Schutzschaltung, wie sie in dem vorangehenden Kapitel beschrieben wurde (siehe auch Bild 88 bis 92). Zusätzlich kann hier in diesem speziellen Fall durch eine Reduktion der Gatespannung der Maximalstrom im Kurzschlußfall begrenzt werden.

Es ist bei dieser Maßnahme darauf zu achten, daß nicht die Schalteigenschaften oder die Verluste des Transistors negativ beeinflußt werden. Es sind Anwendungen üblich, bei denen absichtlich die Überspannungsspitzen der Induktivität nicht oder nur begrenzt abgebaut werden. Üblicherweise werden zu diesem Zweck die Sperrspannungen der Schalttransistoren entsprechend hoch gewählt, oder es werden durch Beschaltung mittels RC-Glied (siehe Bild 121) die induktiven Spannungsspitzen auf die gewünschten Werte begrenzt.

Die Möglichkeit, den Leistungs-MOS-Transistor als aktives Bauelement zum schnellen Abbau des Magnetfeldes in einem Hubmagnet zu verwenden, zeigt Bild 122. Hier bestimmt die Hilfsspannung U_H die maximale Drain-Source-Spannung, die auftreten darf. Höhere Spannungen werden durch den Transistor selbst begrenzt. Diese Schaltung eignet sich speziell für Spannungsbereiche (z. B. 500–1000 V) in denen Zenerdioden zu teuer oder nicht verfügbar sind.

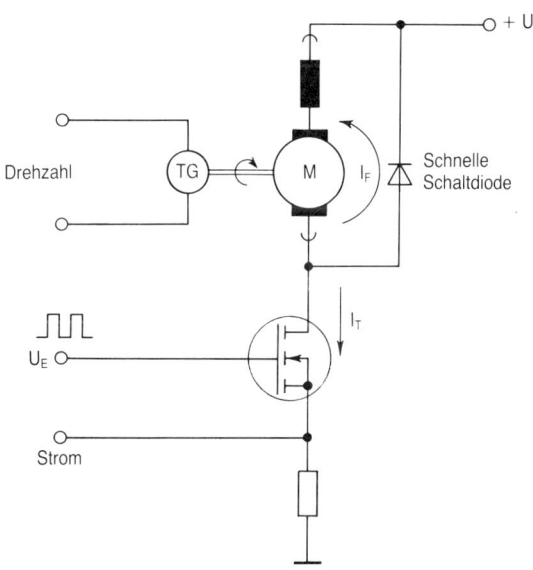

Bild 123: Steuerschaltung für einen Gleichstrommotor.

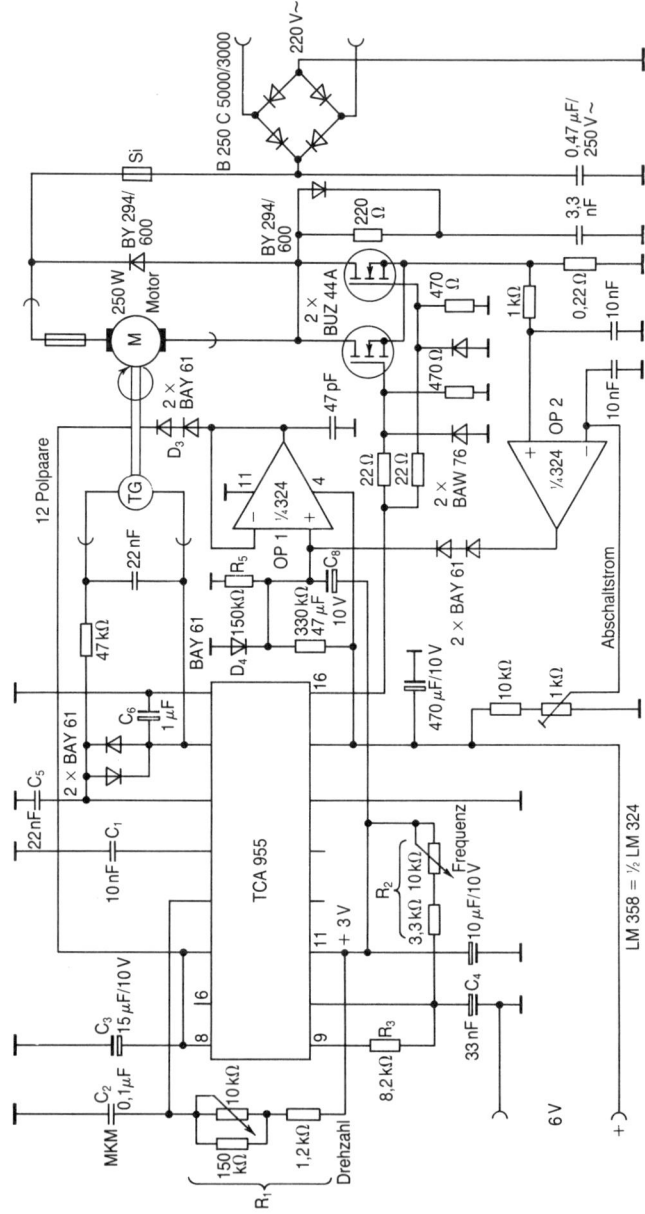

Bild 124: Schaltung einer Drehzahlsteuerung für Gleichstrommotore.

130

6.15 Drehzahlregelung für Gleichstrommotoren

Eine der Möglichkeiten, die Drehzahl eines Gleichstrommotors zu regeln, ist die Änderung des Tastverhältnisses des Motorstromes mit Hilfe eines MOS-Leistungsschalters und einer Freilaufdiode. Bild 123 zeigt eine vereinfachte Prinzipschaltung des Schaltungsvorschlages nach [8]. Der Transistor wird periodisch leitend gesteuert und der Strom I_T lädt die Motorinduktivität. Sie dient als Energiespeicher. In den Sperrphasen des Transistors kann der Motorstrom über die Freilaufdiode als Strom I_F weiterfließen. So ergibt sich, bei ausreichend hoher Schaltfrequenz, ein kontinuierlicher Motorstrom mit kleiner Welligkeit ohne hohe Stromspitzen, wie dies z. B. bei Phasenanschnittsteuerung mit einem Triac oder Thyristor der Fall wäre. Dies wirkt sich natürlich positiv auf die Lebensdauer von Kollektor und Kohlebürsten aus. Als Freilaufdiode verwendet man, um die Schaltverluste gering zu halten, eine schnelle Schaltdiode mit geringer Speicherzeit. Eine Regelelektronik (siehe Bild 124), aufgebaut mit dem Integrierten Schaltkreis TCA 955, verarbeitet die entsprechenden Ist-Signale für Drehzahl und Motorstrom zu einem Steuersignal für die MOS-Leistungstransistoren, die direkt von dem Integrierten Schaltkreis angesteuert werden.

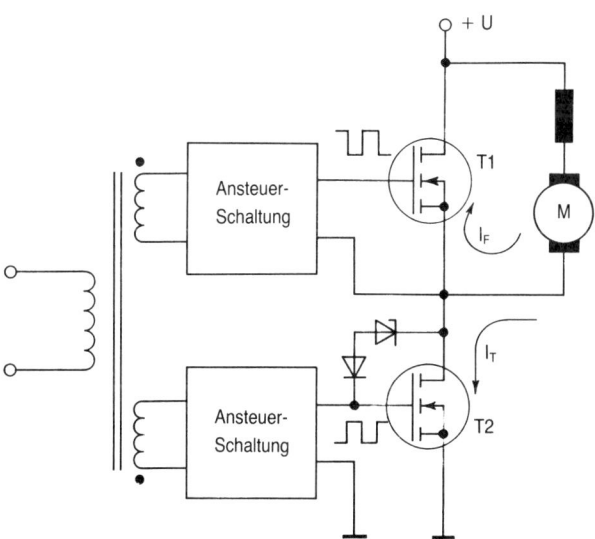

Bild 125: Gleichstrommotor-Drehzahlregler mit MOS-Leistungstransistoren als Freilaufdiode.

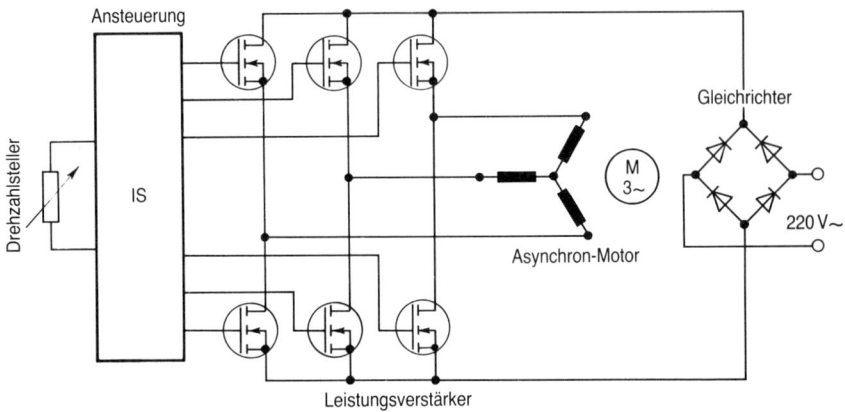

Bild 126: *Umrichterschaltung für Drehstrommotore.*

6.16 Umrichterschaltung für Drehstrommotoren am Einphasennetz

Die Vorteile eines Drehstrom-Kurzschlußläufer-Motors sind sein Preis, seine geringe Störanfälligkeit und seine lange Lebensdauer. Von Nachteil ist die Notwendigkeit eines Drehstromnetzes und seine nicht steuerbare Drehzahl. Dies läßt sich aber heute unter Verwendung moderner Elektronik umgehen. Bild 126 zeigt das Prinzip einer Umrichterschaltung für Drehstrommotoren.

Ein Microcomputer, hier mit IS bezeichnet, generiert die notwendigen Steuersignale für einen Umrichter, der die phasenverschobenen Sinusspannungen, die in Frequenz und Amplitude variiert werden können, erzeugt. Ein Beispiel, wie die Steuerimpulse des Leistungsverstärkers für eine Sinussynthese verändert werden müssen, zeigt Bild 127. Die maximal mögliche Amplitude und Frequenz der Sinusspannung hängt davon ab, welche angenäherte Treppenform noch akzeptiert und wie hoch die Schaltfrequenz der Steuerung und die des Leistungsumsetzers gewählt werden kann. Für diesen Einsatz werden MOS-Leistungstransistoren mit schneller Reverse-Diode als Leistungsschalter empfohlen. Die geringen Speicherladungen der Reverse-Diode machen Entlastungsnetzwerke überflüssig. Das unverzügliche Abschalten des MOS-Transistors ohne temperaturabhän-

132

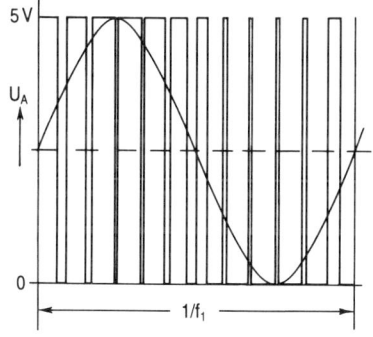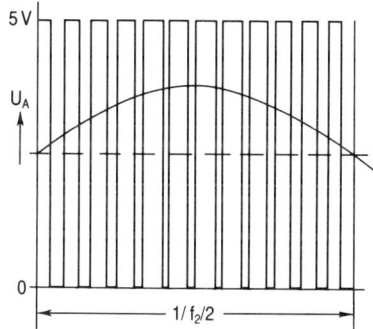

Bild 127: Beispiel für eine Sinussynthese.

gige Speicherzeit macht auch das Schalten der kurzen Impulslängen, wie sie im 270°-Bereich (Bild 127) notwendig sind, ohne größere Probleme möglich. Die in Bild 128 gezeigte Gesamtschaltung ist einem Sonderdruck der Firma Siemens AG entnommen [9]. Die erlangten Vorteile sind: Die Möglichkeit, einen Drehstrommotor am Einphasennetz zu betreiben, seine Drehzahl zu steuern, Reverse-Betrieb, Bremsbetrieb und gezieltes Anlaufverhalten zu ermöglichen und mit geringem Aufwand den Motor überwachen zu können.

Ruckfreier Anlauf des Motors und Blockierschutz mit darauffolgendem Sanftanlauf sind Eigenschaften, die in dieser Schaltung realisiert wurden. Eine andere Variante, in der statt der Freilaufdiode ein geschalteter MOS-Leistungstransistor verwendet wird, zeigt Bild 125. Hier wird die Verwendung von Leistungstransistoren mit schneller Reverse-Diode empfohlen. Der Vorteil dieser Anordnung liegt in den geringen Verlusten, die in dem als »geschaltete Diode« arbeitenden Transistor T_1 auftreten. Die Steuersignale werden mit einer potentialfreien Ansteuerschaltung (wie in diesem Buch beschrieben) mit gegenphasig geschalteten Sekundärwicklungen auf dem gleichen Übertragerkern erzeugt. Dadurch ergeben sich automatisch die richtigen Polaritäten der Steuersignale.

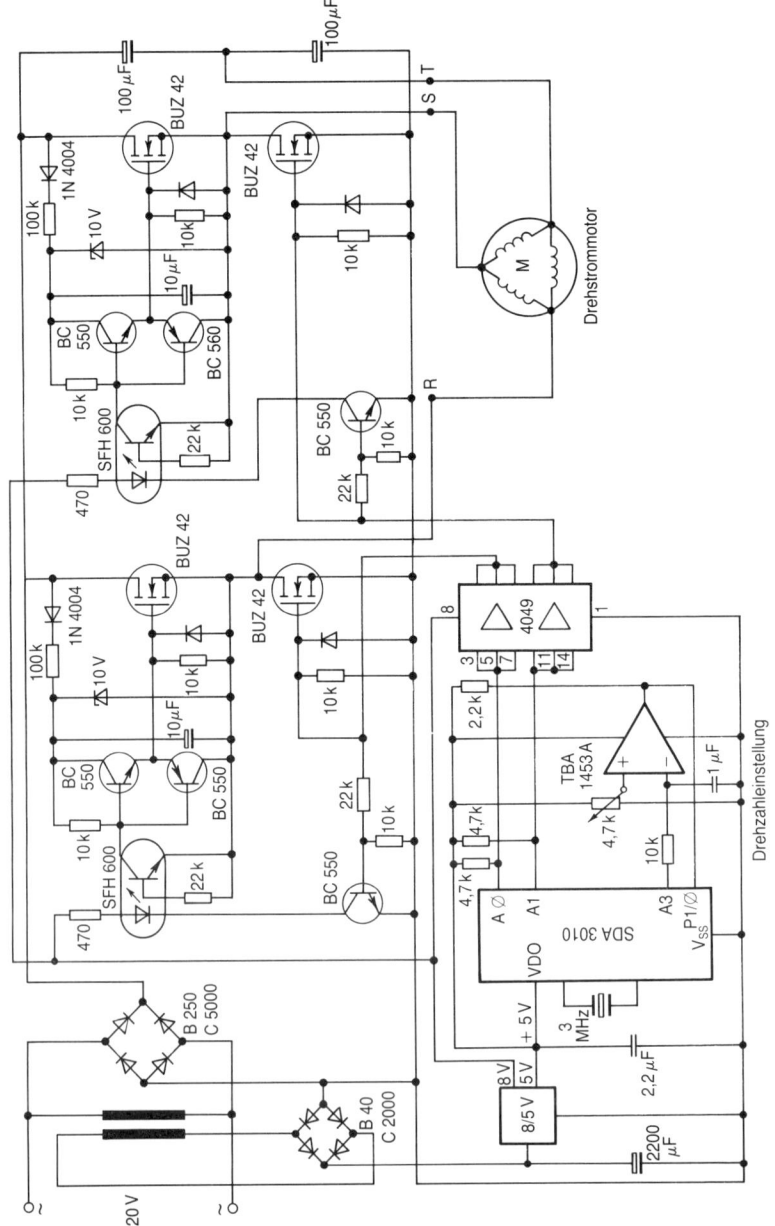

134

Bild 128: Schaltung für den Betrieb eines Asynchron-Drehstrommotores am Einphasennetz mit Drehzahleinstellung.

6.17 Elektronisches Vorschaltgerät für Leuchtstofflampen

Bisher scheiterte der verstärkte Einsatz von elektronischen Vorschaltgeräten an den konträren Forderungen für Wirtschaftlichkeit und Zuverlässigkeit der Schaltung. Die Geräte werden mit dreifach-diffundierten Transistoren bestückt. Bipolartransistoren sind billig. Da aber die Schaltzeiten vom Kollektorstrom abhängig sind und auch großen Exemplarstreuungen unterliegen, macht dies eine Selektion der Transistoren und einen eventuellen Abgleich der Schaltung notwendig. Diese Nachteile weisen MOS-Leistungstransistoren nicht auf.

Bild 129 zeigt nach [10] das Schaltungskonzept eines Lampenvorschaltgerätes für den Lampentyp L 50 W/21 (Osram) mit 26 mm $\varnothing$ und einer Länge von 1,5 m. Es werden MOS-Leistungstransistoren als Schalter eingesetzt. Aufgrund ihrer hohen Schaltgeschwindigkeit liegen die Schaltverluste niedrig, und die Betriebsfrequenz konnte auf 120 kHz erhöht werden. Dies ergibt einen geringeren Aufwand für die Funkentstörung. Außerdem sind Wickelteile und Kondensatoren kleiner und leichter. Der Wirkungsgrad einer solchen Schaltung liegt mit nahezu 94% schon sehr günstig. Durch Umdimensionierung einiger Bauelemente läßt sich mit dem gleichen Schaltungskonzept nur eine Lampe betreiben.

Bild 130 zeigt das Grundkonzept der Schaltung, eine Halbbrücke. Tr_1 ist ein Stromwandler im Sättigungsbetrieb, der verhindert, daß die Transistoren T_1 und T_2 gleichzeitig angesteuert werden. Es kann daher nie ein großer Querstrom durch beide Transistoren zustande kommen. Im Fall des Anschwingens wirken als Last der Serien-Resonanzkreis C_4, L_1 und im Betrieb die Serienschaltung der gezündeten Leuchtstoffröhre mit ca. 113 V(U_{eff}) Brennspannung und L_1.

Im Fall des Anlaufens der Schaltung (Bild 129) ergeben R_1, C_2 und Diac D_2 einen Sägezahngenerator, der periodisch T_2 aufsteuert. Es kommt zu kurzzeitigen Stromimpulsen für folgenden Weg: C_6 und z. B. Lampenzweig 1 (Heizwendel, C_4, Heizwendel, L_1, Si_1) n_1 von Tr_1, T_2. Bei genügend hoher Gatespannung ($U_g > U_{th}$) an n_2 bzw. n_3 setzt schlagartig durch Rückkopplung die Eigenschwingung mit ca. 150 kHz ein. Der Startgenerator wird über D_1 stillgelegt. Die Serienschwingkreise bestehen aus C_4, L_1 bzw. C_5, L_2. Über den Kondensatoren C_4, C_5 kann sich eine Spannung von nahezu 2000 V aufbauen. Dies genügt, die Leuchtstoffröhre zu zünden. (Es werden Zündspannungen benötigt, die mit Vorheizung der Wendel ca. 1500–

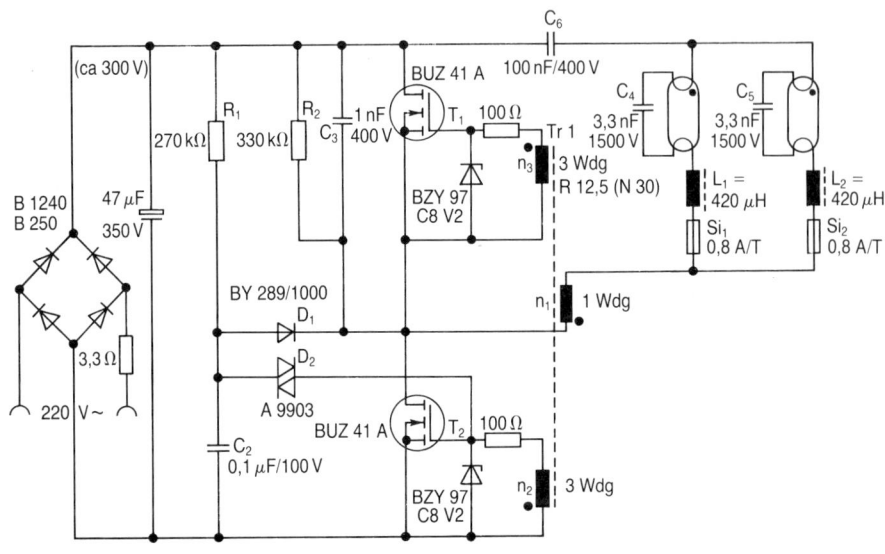

Bild 129: Schaltung eines Vorschaltgerätes für Leuchtstofflampen.

Bauteile zur Schaltung

Bauteil	Bestellnummer	
2 SIPMOS-Transistoren	BUZ 41 A	C67078-A1306-A3
1 DIAC	A 9903	C66047-Z1304-A1
1 Schneller Silizium-Gleichrichter	BY 289/1000	C66047-A1028-A13
1 Kleingleichrichtersatz	B 1240-B 250 C 1000/700	C66067-A1706-A4
1 MKT-Schichtkondensator	1 nF/400 V_	B32510-D6102-K
2 MKP-Kondensatoren	3,3 nF/1500 V_	B32650-A1332-J
1 MKT-Schichtkondensator	0,1 μF/100 V_	B32510-D1104-K
1 MKT-Schichtkondensator	0,1 μF/400 V_	B32512-D6104-K
1 SIFERRIT-Ringkern	R 12,5 (N 30)	B64290-K44-X830
1 CC-26-Kern	(N 27)	B66442-A3000-X027
1 Abdeckscheibe		B66442-J0000-X027
1 Spulenkörper		B66442-B1001-T001

Wickelvorschrift für Drosseln L_1 und L_2 zur Schaltung

Kern: CC 26 mit A_L = 90 nH

n: 68 Wdg. 30 × 0,1 CuLS

L: 420 μH

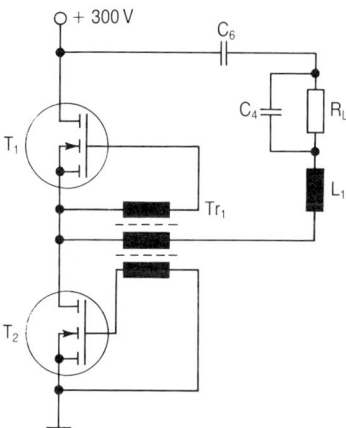

Bild 130: Grundkonzept des Vorschaltgerätes ist eine Halbbrücke.

1600 V (U_{ss}) und ohne Vorheizung ca. 2000 V (U_{ss}) betragen.) Die Spannung über der Röhre bricht auf die Brennspannung von ca. 113 V (U_{eff}) zusammen, die Schwingfrequenz beträgt 120 kHz. L_1 bzw. L_2 begrenzen den Lampenstrom auf ca. 0,45 A(I_{eff}) pro Lampe. Bei Ausfall einer Lampe – die Sicherung hat angesprochen – wird der Betrieb der anderen Lampe nicht beeinträchtigt. Sind beide Lampen ausgefallen, so steuert der Sägezahngenerator den Transistor T_2 an, der als Last jedoch nur C_3, R_2 bzw. D_1, R_1 vorfindet. Der Vorgang wiederholt sich mit 625 Hz. Sobald ein Lampenkreis wieder funktionstüchtig ist, kehrt die Schaltung in den Normalbetrieb zurück.

6.18 Netzgeräte mit MOS-Leistungstransistoren

Lagen früher die Schaltfrequenzen der getakteten Netzgeräte bei einigen 10 kHz, so verschob sich in den letzten Jahren, dank der Entwicklung schneller MOS-Leistungsschalter, diese Grenze in den Bereich zwischen 100 und 300 kHz.

Damit verbunden ist auch die Entwicklung von neuen, leistungsfähigeren Ferrit-Materialien für Induktivitäten und Übertrager. Außerdem von schaltfesten und induktionsarmen, für diese Frequenzbereiche geeigneten Kondensatoren, sowie von schnellen Leistungsdioden. Alle, die

137

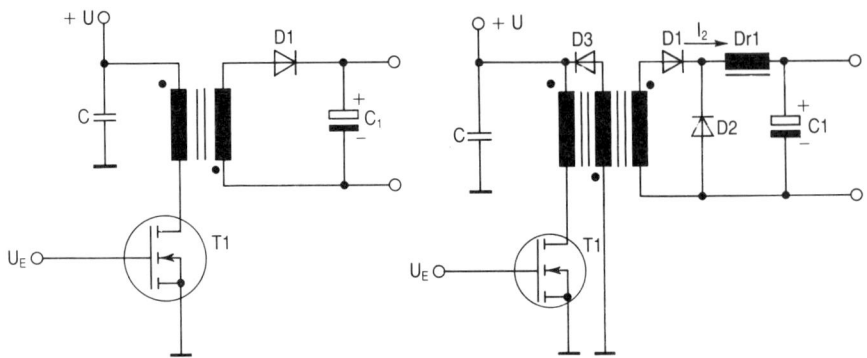

Bild 131: Prinzipschaltung eines Sperrwandlers.

Bild 132: Prinzipschaltung eines Durchflußwandlers.

soeben geschilderten Fakten und die Maximalspannungen der Transistoren bis zu 1000 V lassen einen verstärkten Trend zur Entwicklung von neuartigen Schaltnetzgeräten erkennen. Ihre Vorteile sind Volumen und Gewichtsersparnis gegenüber der herkömmlichen Technik und ein sehr guter Wirkungsgrad.

Es werden hier nur die wesentlichsten Unterschiede der Hauptwandlertypen besprochen. Genauere Informationen über Grundlagen, Arbeitsweise und Aufbau von Schaltnetzgeräten sind der Spezialliteratur, wie z. B. [11] bzw. [12], zu entnehmen.

Prinzipiell kann man zwei Arten von getakteten Wandlern unterscheiden: den Sperrwandler und den Durchflußwandler.

Beim Sperrwandler (siehe Bild 131) wird die zu übertragende Energie während der Schaltphase von T_1 im Magnetfeld des Übertragers zwischengespeichert. In der Sperrphase des Leistungsschalters T_1 wird, durch Umpolen der Sekundärspannung, der Kondensator C_1 über D_1 aufgeladen. C_1 wirkt für die Sekundärspannung amplitudenbegrenzend. Dies ist unbedingt notwendig, da sonst die Spannung am Übertrager auf unzulässig hohe Werte anwachsen würde. Für diesen Wandlertyp ist ein Kern mit großem Querschnitt und Luftspalt erforderlich. Der Schalttransistor muß die doppelte Batteriespannung, d. h. 2 U sperren können.

Im anderen Wandlertyp, dem Durchflußwandler (Bild 132), sind Primär- und Sekundärwicklung direkt durch das Magnetfeld miteinander verkop-

138

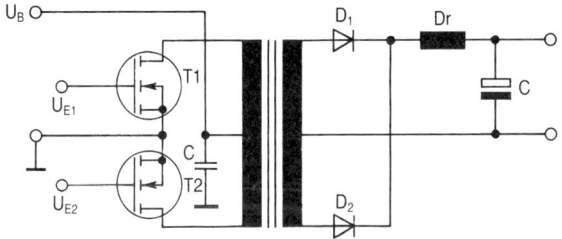

Bild 133: *Prinzipschaltung eines Gegentakt-Durchflußwandlers.*

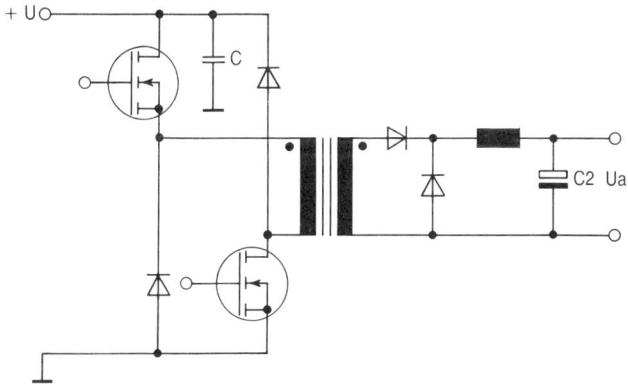

Bild 134: *Asymmetrischer Halbbrücken-Durchflußwandler.*

pelt. In der Primärwicklung fließt neben dem Magnetisierungsstrom auch der Laststrom. Es lassen sich daher mit diesem Wandler sehr hohe Leistungen übertragen. Die sekundärseitig angeordnete Drossel Dr_1 ist unbedingt zur Begrenzung des Sekundärstromes I_2 notwendig, da dieser sonst beliebig anwachsen würde. Die Zusatzwicklung, die gut an die Primärwicklung angekoppelt sein muß, ermöglicht, zusammen mit Diode D_3, die Entmagnetisierung des Kernes während der Sperrphase von T_1. Das maximal in der Praxis mögliche Tastverhältnis beträgt daher 0,5. In einer Variante, dem Gegentaktdurchflußwandler (Bild 133), erfolgt die Entmagnetisierung automatisch durch die wechselseiten Schaltphasen. Neben diesen eben genannten Durchflußwandlern sind noch der asymmetrische Halb-

139

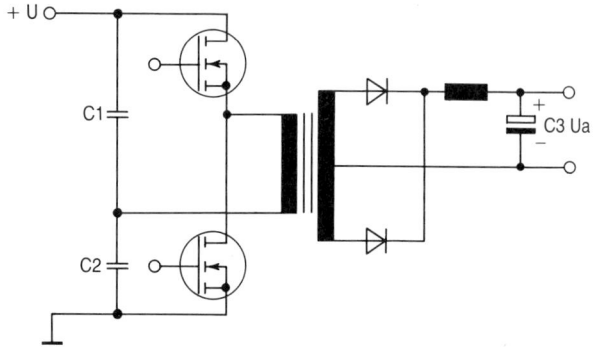

Bild 135: Symmetrischer Halbbrücken-Durchflußwandler.

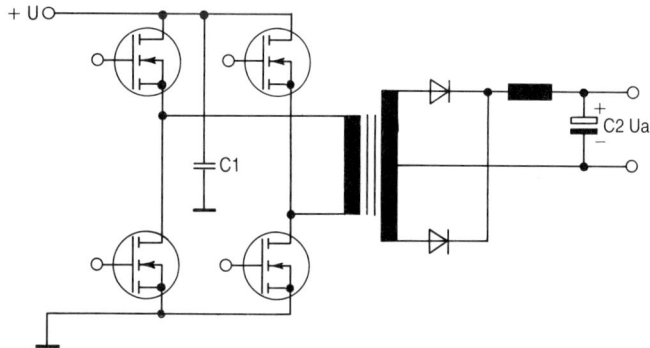

Bild 136: Vollbrücken-Durchflußwandler.

brücken- (Bild 134), der symmetrische Halbbrücken- (Bild 135) und der Vollbrückendurchflußwandler (Bild 136) zu nennen.

Die nun folgenden Wandlertypen weisen zwar keine galvanische Trennung zwischen Eingangs- und Ausgangsspannung auf, sind aber häufig anzutreffen. Es zählen dazu der Tiefsetzsteller oder Buck-Converter (Bild 137), der Hochsetzsteller oder Boost-Converter (Bild 138) und der Hoch-Tiefsetzsteller oder Buck-Boost-Converter (Bild 139).

Bild 140 zeigt eine Übersicht, welche Wandlerart für die Übertragung einer bestimmten Leistung benötigt wird.

140

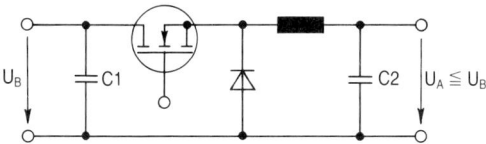

Bild 137: Tiefsetzsteller oder Buck-Converter.

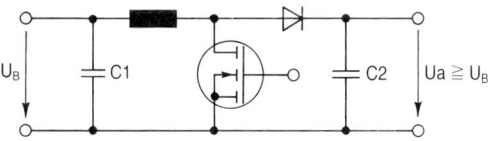

Bild 138: Hochsetzsteller oder Boost-Converter.

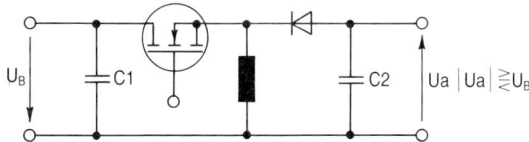

Bild 139: Hoch-Tiefsetzsteller oder Buck-Boost-Converter.

Leistung (W)	1–10	10–100	100–300	300–1000	1000–3000	> 3000
Eintakt-Sperrwandler	X	X	X			
Eintakt-Durchflußwandler		X	X			
Halbbrücken-Wandler			X	X		
Vollbrücken-Wandler			X	X	X	
Gegentakt-Wandler			X	X	X	X

Bild 140: Zuordnung Wandlertyp und übertragbare Leistung.

141

6.19 Schaltnetzteil 220 V ~ – 5 V/20 A mit Leistungs-MOS-Transistoren

Die in Bild 141 dargestellte Schaltung zeigt ein Schaltnetzteil nach dem Eintaktflußwandlerprinzip. Die Schaltung ist bestückt mit dem Schaltnetzteil Steuer IC TDA 4718, dem SIPMOS-FET BUZ 80 als Leistungsschalter und der Schottky-Doppeldiode BYS 28 als Ausgangsgleichrichter. Neue passive Bauelemente, wie Schaltnetzteil-Elko und Ferrit-Ausgangstrafo, sowie ein integrierter Funkentstörfilter, ermöglichen einen kompakten Aufbau. Die nun folgende Schaltungsbeschreibung wurde den Siemens Schaltbeispielen entnommen.

Leistungsteil

Primärkreis: Nach dem Funkentstörfilter lädt die Eingangswechselspannung Ui = 220 V, gleichgerichtet durch den Brückengleichrichter, die Siebelkos 2 × 220 μF, deren Spannung vom SIPMOS-FET BUZ 80 an die Primärwicklung n_2 des Transformators gelegt wird. Der, bzw. die Ladekondensator(en) (2 × 220 μF) sind überdimensioniert, um Netzspannungsausfälle über 2–3 Halbperioden zu überbrücken. Wird nicht die volle Stromentnahme benötigt, kann der Elko entsprechend kleiner gewählt werden.

Das Ansteuerverhältnis des BUZ 80 wird von der SNT-Steuer-IS TDA 4718 A eingestellt. Da zur Ansteuerung des BUZ 80 nur ein Ausgang benützt wird, ist das Tastverhältnis auf < 50% begrenzt. Damit ist sichergestellt, daß sich der Trafokern in der Impulspause über die Wicklung n_1 und n_3 völlig entmagnetisiert, wobei die magnetische Energie zur Verbesserung des Wirkungsgrades mit einer schnellen Schaltdiode BY 289 auf die Siebelkos zurückgespeist wird. Die Wicklungen n_1 und n_3 haben zusammen die gleiche Windungszahl wie n_2.

Das Impulsdiagramm, Bild 144, zeigt die Spannungs- und Stromverläufe am Treiber und am SIPMOS-Transistor. Während der Leitdauer des Transistors ist $U_{DS} \approx 8,5$ V ($R_{on\ 100°C} \leq 6,5\Omega$). Beim Abschalten des Drain-Stromes steigt U_{DS} rapide an und erreicht, bedingt durch die Streuinduktivität von Tr und die Schaltzeit der Rückschlagdiode, innerhalb von 600 ns ihren Höchstwert von ca. 700 V (U, = 220 V, I_Q = 20 A). Nachdem sich die Streuinduktivität entladen hat, fällt U_{DS} auf den doppelten Wert der Eingangsgleichspannung 2 · $U_T \approx 600$ V ab, da die Spannung der Entmagnetisierungswicklung sich nun zur Eingangsspannung addiert. Die

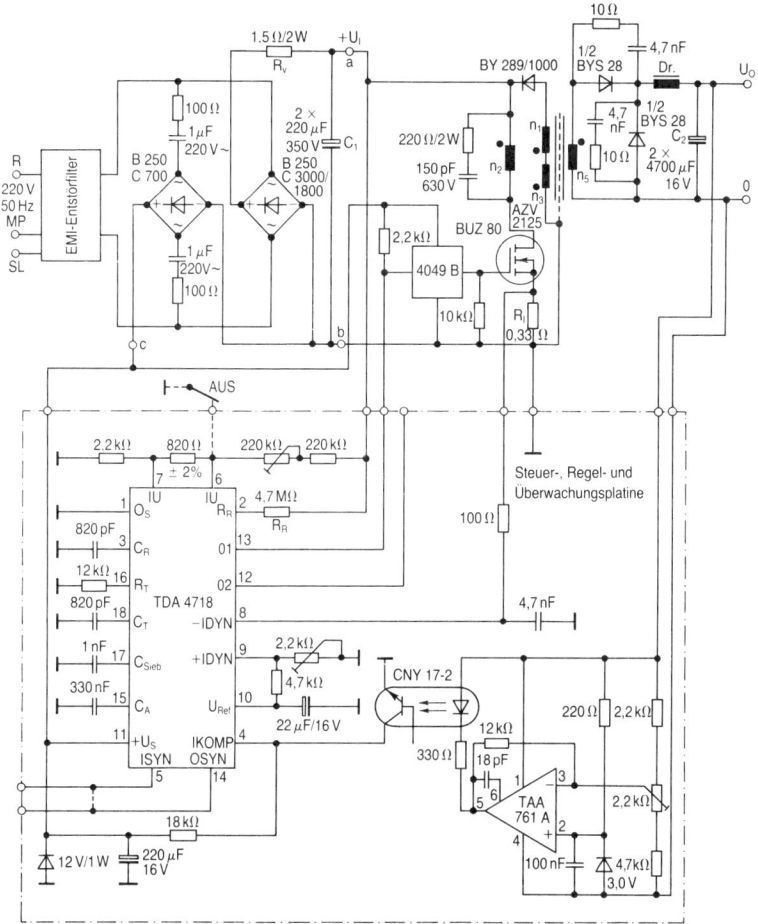

Bild 141: Schaltung eines Eintakt-Schaltnetzteiles 220 V – 5 V/20 A/50 kHz.

Entmagnetisierungsphase dauert solange wie die Leitphase. Danach fällt U_{DS} auf den Wert der Eingangsgleichspannung $U_i \approx 300\,V$ ab.

Sekundärkreis: Die Spannungsimpulse der Sekundärwicklung n_5 werden von einer Schottky-Doppeldiode BYS 28 verlustarm gleichgerichtet und vom Ausgangsfilter, bestehend aus der Speicherdrossel Dr und den beiden 4700 μF-Elkos geglättet. Die Schottky-Dioden sind mit einem RC-Glied

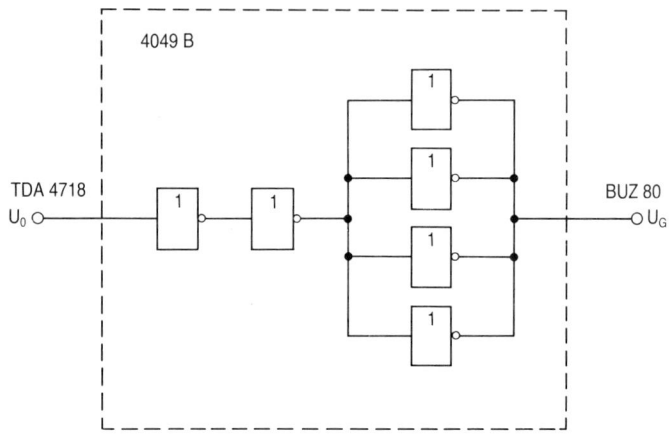

Bild 142: *Treiberschaltung für SIPMOS-Transistor BUZ 80.*

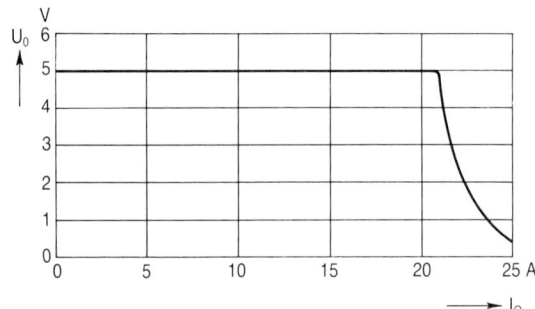

Bild 143: *Ausgangsspannung in Abhängigkeit vom Ausgangsstrom.*

beschaltet, um hochfrequenzte Schwingungen im Strom-Übernahmebereich zu dämpfen, da die Streuinduktivität des Trafos und die Sperrschichtkapazität der Schottky-Dioden einen Schwingkreis bilden.

Zwischen Primär- und Sekundärseite des Transformators dämpft die Schirmwicklung n_4 aus Cu-Folie das störende kapazitive Übersprechen auf die Sekundärseite.

SIPMOS-Schaltverhalten: Der BUZ 80 wird mit 50 kHz getaktet. Seine Ansteuerung erfolgt mit dem CMOS-Treiberbaustein 4049B (Bild 142) zeigt die dynamisch günstige Zusammenschaltung der 6 invertierenden

144

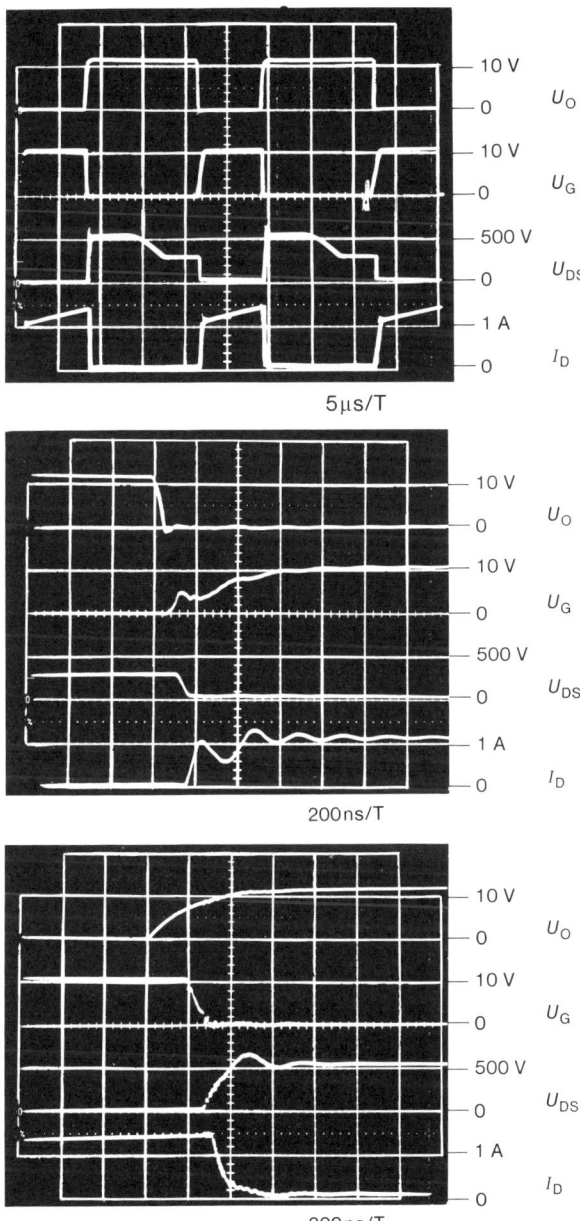

Bild 144: Impulsdiagramm.

Treiber. Die Fotos (Bild 144) illustrieren das Schaltverhalten des SIPMOS-FET. Die Dauer der Schaltflanken beträgt zum Einschalten 50 ns und beim Ausschalten ca. 150 ns.

Eine Schutzbeschaltung der SIPMOS-Transistoren gegen hohe Impulsleistungsbelastung während der Umschaltflanken entfällt, da SIPMOS-Transistoren keinen zweiten Durchbruch aufweisen. Zur Dämpfung der von der Streuinduktivität verursachten Rückschlagspannung ist eine RC-Beschaltung der Primärwicklung des Trafos erforderlich. Dabei ist ein impulsfester 630-V-Polypropylen-Kondensator vorgesehen. Die Stromspitze beim Einschalten des SIPMOS-Transistors wird durch die Wickelkapazität der Trafo-Primärwicklung und das RC-Glied verursacht.

Steuer-, Regel- und Überwachungsschaltung

Die Erzeugung und Synchronisation der Schaltfrequenz, die Pulsdauermodulatuion und diverse Überwachungs- und Schutzfunktionen werden von der IS TDA 4718 A übernommen. Ihre Spannungsversorgung wird verlustarm durch Gleichrichtung der Netzspannung und Z-Dioden-Stabilisierung mit kapazitivem Vorwiderstand gewonnen. Die IS verfügt über folgende Schutzfunktionen:
- Kurzschlußsichere Referenzspannung
- Weicher Anlauf
- Doppelimpuls-Unterdrückung.

An Grenzüberwachungsfunktionen sind vorhanden:
- Dynamische Strombegrenzung
- Über/Unterspannungsüberwachung
- Versorgungsunterspannungsüberwachung.

Der Baustein sperrt die beiden Schaltausgänge 01/02 beim Überschreiten eines jeden überwachten Grenzwertes. Nach Abbau der Grenzüberschreitung nimmt der Baustein mit weichem Anlauf den Betrieb wieder auf. Ausnahme ist die dynamische Strombegrenzung, die keinen weichen Anlauf verursacht.

Synchronisation der Schaltfrequenz: Die Kombination R_T/C_T legt die Schaltfrequenz fest (50 kHz). Am Eingang 5 kann eine Rechteckspannung zur Synchronisation des internen Oszillators eingespeist werden. Der Frequenzfangbereich beträgt $\pm$ 30%. Sind Anschlüsse 14 und 5 verbunden, so schwingt der Oszillator mit seiner durch R_T und C_T bestimmten Nennfrequenz.

146

Vorsteuerung: Zur Netzbrummunterdrückung wird die Eingangsspannung U_1 über den Widerstand R_R auf den Eingang 2 gelegt. Durch diese Maßnahme (Vorsteuerung) wird das Ausgangstastverhältnis in Gegenphase zum Eingangsspannungsbrumm gesteuert, wodurch dieser weitgehend kompensiert wird.

Überwachung der Eingangsspannung: Mit der Über- bzw. Unterspannungsabschaltung (Eingänge 7 und 6) wird die Eingangsspannung U_I auf oberen und unteren Grenzwert überwacht. Die Schaltschwellen sind mit dem 220-kΩ-Trimmer so eingestellt, daß im 220-V-Betrieb die Überspannungsabschaltung bei ca. 242 V ~ und die Unterspannungsabschaltung bei 197 V ~ einsetzt.

Dynamische Strombegrenzung (Eingänge 8 und 9): Der Sourcestrom des BUZ 80 wird durch Messung des Spannungsabfalles am Meßwiderstand R_I erfaßt. Die Einsatzschwelle der dynamischen Strombegrenzung ist durch einen Trimmer einstellbar, um Streuungen der Referenzspannung U_{Ref} und die Toleranz von R_I aufzufangen.
Damit kann der Einsatzpunkt der Strombegrenzung exakt auf z. B. 21 A eingestellt werden. Weil SIPMOS-Transistoren nicht mit Speicherzeiten behaftet sind, arbeitet die dynamische Strombegrenzung nahezu verzögerungsfrei, d. h. der Sourcestrom wird exakt beim Überschreiten des eingestellten Grenzwertes abgeschaltet. Das Bild 143 zeigt den Verlauf der Ausgangsspannung U_O beim Einsatz der Strombegrenzung. Der Stromgrenzwert ist dabei auf 21 A eingestellt; der Kurzschlußstrom beträgt ca. 25 A.

Regelung der Ausgangsspannung: Wenn, wie in dieser Schaltung, die Steuer-IS bei potentialfreier Ausgangsspannung an der Primärseite sitzt, muß die Regelabweichung der Ausgangsspannung potentialgetrennt auf die Primärseite übertragen werden.
Dabei ist es zweckmäßig, die Referenz (Sollwert) und den Regelverstärker auf die Sekundärseite zu setzen und nur die verstärkte Regelabweichung zu übertragen, weil dann TK und Langzeitdrift des Koppelelements weitgehend ausgeregelt werden.
Der hier verwendete Optokoppler CNX 17-2 hat einen sehr kleinen TK und eine hohe Langzeitstabilität. Durch die genannte Schaltungsart werden die resultierenden Werte noch verbessert. Als Referenzelement wurde hier

eine 3-V-Z-Diode verwendet. Bei gleichmäßiger Erwärmung der Regel-schaltung (Z-Diode, Regelverstärker und Optokoppler) ergibt sich ein TK der Ausgangsspannung von ca. $-3,3\,mV/K$.

Bei strengeren Anforderungen an die Temperaturstabilität der Ausgangs-spannung muß an dieser Stelle ein höherer Aufwand betrieben werden (z. B. integrierte band cap Referenz).

Als Regelverstärker kommt der preisgünstige Standard-OP TAA 761 A zum Einsatz. Der OP wird direkt durch die Ausgangsspannung versorgt. Dies ist problemlos, weil der Regelverstärker erst bei einer Ausgangsspan-nung in der Nähe des Sollwertes (5 V) einsetzen muß. Damit ist auch während des Anlaufs die Spannungsversorgung des OP's sichergestellt. Im Kurzschlußfall wird dagegen die Regelfunktion ohnehin bedeutungslos, weil das Tastverhältnis dann durch die Strombegrenzung bestimmt wird.

Mit der eingestellten Regelverstärkung beträgt die stationäre Regelabwei-chung im Ausgangsstrombereich von 0 A bis 20 A ca. 20 mV. Auch hier ist die fehlende Speicherzeit der SIPMOS-FET von großem Vorteil, da bei kleinem Laststrom praktisch mit sehr kurzen Impulsen kleinste Energie-mengen in das Ausgangsfilter geliefert werden können.

Betriebsverhalten des SNT

Dynamisches Verhalten: Das dynamische Verhalten der Ausgangsspan-nung ist von der Dimensionierung des Ausgangsfilters abhängig.

Ausgangswelligkeit: Mit den vorgeschlagenen Bauelementen ergibt sich eine maximale 50-kHz-Welligkeit der Ausgangsspannung von (Spitze – Spitze) 40 mV. Sie wird vorwiegend von der Impedanz (ESR) der Aus-gangs-Siebelkos bestimmt. Mit Hilfe der Vorsteuerung ist die überlagerte 100-Hz-Welligkeit vernachlässigbar klein.

Verhalten bei Lastsprüngen (Bild 145): Bei einem positiven Lastsprung von $I_O = 2\,A$ nach $I_O = 18\,A$ beträgt der Spannungseinbruch etwa 200 mV (bei $U_I = 220\,V$) und bei einem negativen Lastsprung von $I_O = 18\,A$ nach $I_O = 2\,A$ ergibt sich ein Überschließen der Ausgangsspannung von ebenfalls ca. 200 mV. Die Ausregelzeit beträgt in beiden Fällen ca. 2...3ms.

Verlustleistungsbetrachtung und Wirkungsgrad: Die folgende Tabelle zeigt die Verlustleistung an den verschiedenen Bauelementen bei $I_O = 2\,A$ und $U_{I\sim} = 220\,V$.

148

Transistor BUZ 80	5 W
Schottky-Diode BYS 28	12 W
Trafo	2 W
Drossel	2,2 W
Funkentstörung und 50-Hz-Gleichrichtung	2,5 W
Trafobeschaltung	1,5 W
	$P_V = 25{,}2$ W

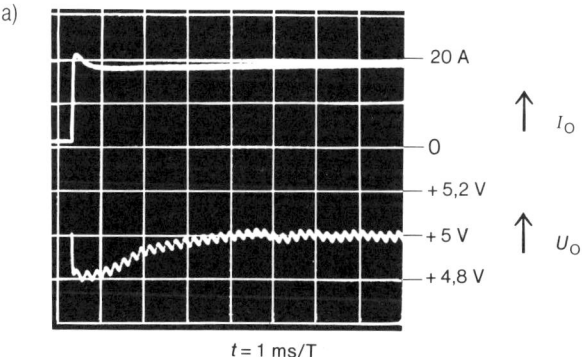

$t = 1$ ms/T

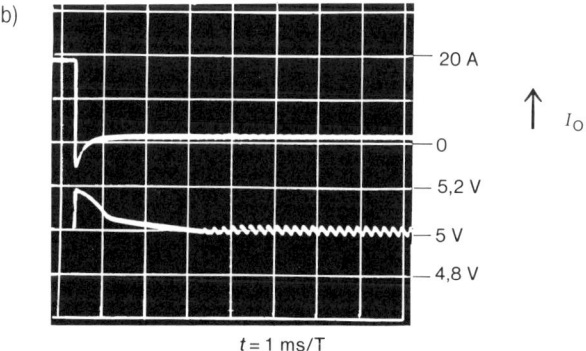

$t = 1$ ms/T

Bild 145: Verhalten der Ausgangsspannung bei Lastsprüngen.
a) Belastung 2 A → 18 A, b) Entlastung 18 A → 2 A.

Die größte Einzel-Verlustleistung tritt an der Schottky-Diode auf, die jedoch sehr gute Daten von $0,6\,V$ bei $I_O = 20\,A$ aufweist. Trotz der relativ hohen Verluste bei der Sekundärgleichrichtung, die wegen der niedrigen Ausgangsspannung von $5\,V$ stark in die Leistungsbilanz eingehen, beträgt der Wirkungsgrad des SNT ca. 80% bei $I_O = 20\,A$.

Aufbau des SNT: Das SNT ist in den Steuer-Regel- und Überwachungsteil (gestrichelte Umrahmung in Bild 141) und den Treiber- und Leistungsteil gegliedert. Dadurch wurde die gewünschte Standardisierung erzielt. Die

Technische Daten des Eintakt-Flußwandlers 220 V ~ – 5 V/20 A

Eingangswechselspannung	$U_{I\sim eff}$	220 + 10% – 15%	V
Ausgangsspannung	$U_{O\,Nenn}$	5	V
– Welligkeit 50 kHz (Spitze – Spitze)		40	mV
– Lastausregelung $\dfrac{\Delta U_o}{\Delta I_o} \cdot \dfrac{20\,A}{5\,V}$ $(\Delta I_o = 0 \rightarrow 20\,A)$		0,4	%
– Netzausregelung $\dfrac{\Delta U_o}{\Delta U_{I\sim}} \cdot \dfrac{220\,V\sim}{5\,V}$ $(\Delta U_I = 190\,V\sim \rightarrow 240\,V\sim)$		0,1	%
– Überschwingen bei Lastsprüngen $18\,A \rightarrow 2\,A$ und $2\,A \rightarrow 18\,A$		± 200	mV
– Ausregelzeit $(t_{10\%})$ $2\,A \rightarrow 18\,A$ $18\,A \rightarrow\ 2\,A$		3 2	ms ms
Ausgangsstrom	$I_{O\,Nenn}$	20	A
Ausgangskurzschlußstrom	I_{OK}	26	A
Wirkungsgrad $(I_O = 20\,A)$	η	≈ 80	%
Schaltfrequenz	f_{OSZ}	50	kHz
Kühlkörper für BUZ 80 für BYS 28		6 3	K/W K/W

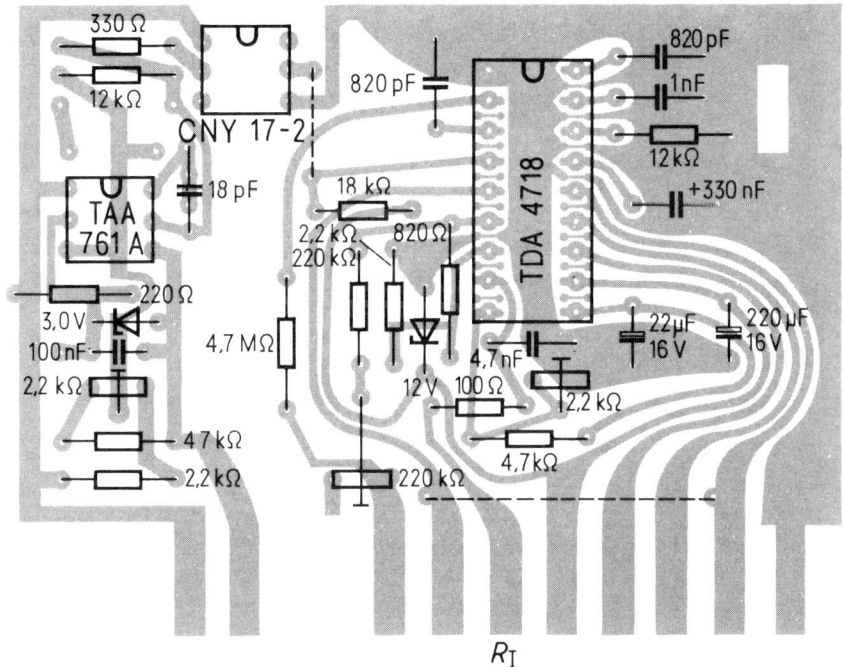

Bild 146: Steuerplatine für 220 V – SNT 50 kHz/5 V.

Steuer-Regel- und Überwachungsplatine nach Bild 146 kann für alle SNT-Grundschaltungen wie Sperr-, Durchfluß-, Gegentakt-, Halb- und Vollbrückenschaltungen verwendet werden.

6.20 Der Leistungs-MOSFET als gesteuerter Gleichrichter

Wie bereits näher erklärt wurde, besitzt ein Leistungs-MOSFET immer eine, von seinem Aufbau her bedingte, integrierte Reverse-Diode. Die Struktur ist im Normalbetrieb ein MOSFET. Im Reverse-Betrieb, wenn die Gate-Source-Spannung kleiner ist als die Einsatzspannung, verhält sie sich jedoch wie eine Gleichrichterdiode mit ziemlich großer Strombelastbarkeit. Wenn im Reverse-Betrieb der Paralleltransistor noch zusätzlich eingeschaltet wird, verringert sich der Spannungsabfall im Vergleich zu der reinen Diodenfunktion (Bild 147). Benutzt man Leistungs-MOSFET's als

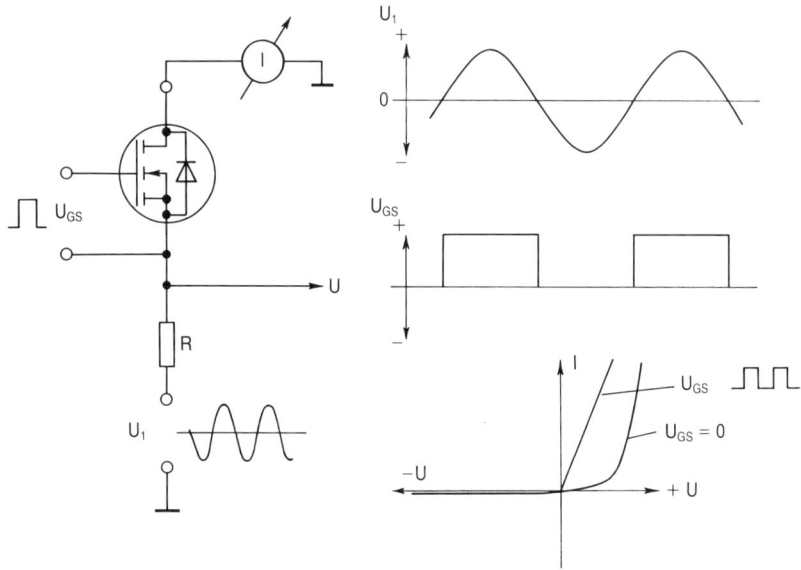

Bild 147: Bei Ansteuerung des MOSFETs im Inversbetrieb reduziert sich der Spannungsabfall.

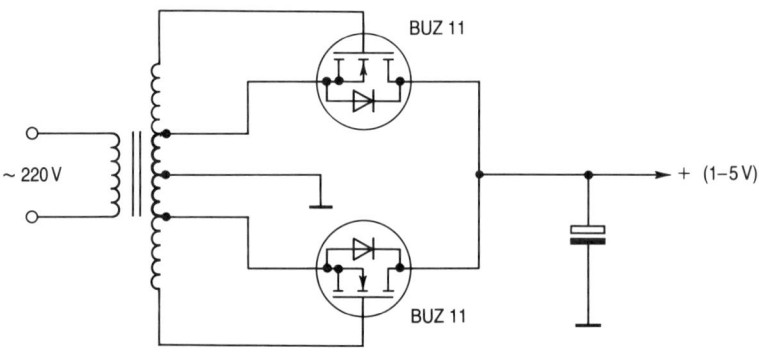

Bild 148: Leistungs-MOSFET's als gesteuerte Gleichrichter für ein Niederspannungsnetzgerät mit hohem Wirkungsgrad.

152

Gleichrichter, wie z. B. in Bild 148 zu sehen ist, wird die Effektivität wesentlich erhöht. Für kleine gleichgerichtete Spannungen ist diese Schaltung sogar noch wirkungsvoller als mit der Verwendung von Schottky-Dioden. Die Gatespannung für die Steuerung entnimmt man zweckmäßigerweise auf der Sekundärseite des Transformators, an den dünn gezeichneten Zusatzwindungen, die automatisch die richtige Steuerspannung liefern. Für sehr hohe Ströme müssen natürlich leistungsfähige MOSFET's benutzt werden. So z. B. können der Siemens Typ BUZ 15 bis ca. 30 A, der Typ BUZ 11 bis ca. 10 A und der Typ BUZ 71 bis ca. 3 A eingesetzt werden. Das Prinzip – die Aufsteuerung des MOSFET's im Reverse-Betrieb und Sperren im Normalbetrieb – kann selbstverständlich auch in Schaltnetzgeräten bei höheren Schaltfrequenzen verwendet werden.

6.21 Modellmotor-Steuerung

Die Leistungs-MOSFET's sind auch aufgrund der kleinen Einschaltwiderstände hervorragend für die Ansteuerung von DC-Motoren im Kleinspannungsbereich geeignet. Ein DC-Motor ist im wesentlichen eine Induktivität mit einem seriellen Widerstand. Er kann bei Nominalspannung höchstens einige Ampere Maximalstrom aufnehmen. Da die Kleinspannungsmotoren meist in einem Spannungsbereich $U < 24$ V arbeiten, reicht die niedrigste Spannungsklasse der Leistungs-MOSFET's aus, um sie zu steuern. 50 oder 60 V Leistungs-MOS-Transistoren haben bereits so niedrige Einschaltwiderstände ($30-100$ mΩ), daß selbst bei einigen Ampere Drainstrom die auftretende Erwärmung so gering ist, daß die Kühlung keine Schwierigkeiten bereitet. Die Ansteuerung eines MOSFET's ist auch unproblematisch, da praktisch kein Eingangsstrom fließt. Die einfachste vorstellbare Motorsteuerung ist die Schaltung nach Bild 149. Sie ermöglicht die Regulierung der Motordrehzahl in einer Drehrichtung. Der Schalttransistor ist ein 50-V-Leistungs-MOSFET im Kunststoffgehäuse mit möglichst kleinem R_{on}. Der Typ BUZ 11 ist für diese Zwecke am besten geeignet, da sein $R_{on} \leq 40$ mΩ beträgt. Seine thermische Verlustleistung liegt für 5 A Laststrom bei ca. 1 Watt. Man kann also mit einem sehr kleinen Kühlkörper oder bei geringeren Strombelastungen ohne zusätzliche Kühlfläche arbeiten.

Der Überspannungsschutz ermöglicht lange Drahtverbindungen zwischen Batterie und Schaltung bzw. Schaltung und Motor. Die Überspannungs-

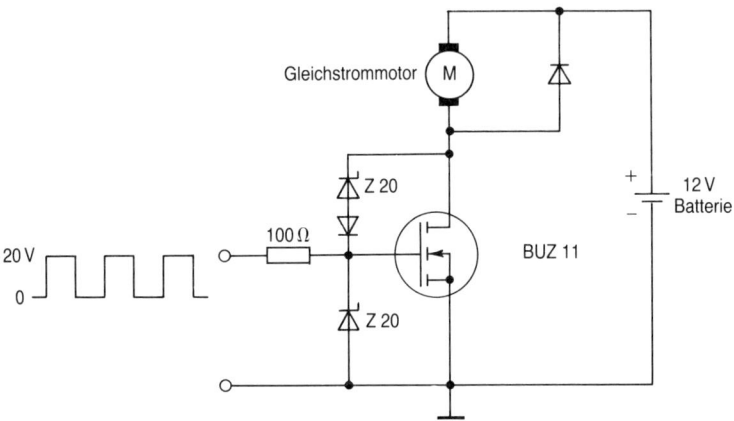

Bild 149: Einfache Schaltung für die Ansteuerung von Gleichstrommotoren.

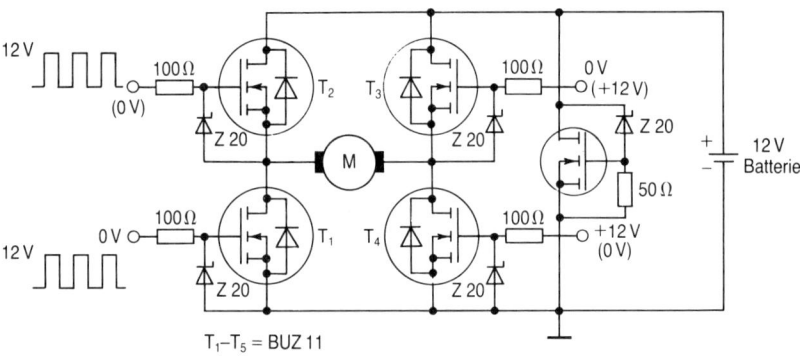

Bild 150: H-Brückenschaltung für Drehzahl- und Drehrichtungsregulierung eines DC-Motors.

spitzen werden von der Beschaltung unterdrückt. Die Motordrehzahl wird durch die Breite und/oder die Frequenz der Treiberimpulse geregelt. Da unter normalen Umständen nur ein kleiner Eingangsstrom fließt, können alle Arten von IC's als Treiber (CMOS, TTL mit Open-Kollektor usw.) benutzt werden. Wenn nicht nur die Drehzahl, sondern zusätzlich auch die Drehrichtung gesteuert werden sollen, kann die Schaltung nach Bild 150 verwendet werden. Es ist eine »H-Brücken«-Schaltung, in der die integrierten Reverse-Dioden in den MOSFET's als Freilaufdioden eingesetzt wer-

154

den. Der MOSFET T_5 ist das Schutzelement für Überspannungsspitzen. Für eine Drehrichtung wird T_3 eingeschaltet, T_2 und T_4 abgeschaltet und T_1 getaktet. Die Drehzahl wird durch die Impulsbreite und/oder Frequenz bestimmt. Für die andere Drehrichtung werden T_1 und T_3 gesperrt, T_4 eingeschaltet und T_2 getaktet. Diese Schaltung erlaubt auch praktisch beliebige Leitungslängen für die Motorzuführung und für den Batterieanschluß. So können die einzelnen Baugruppen in einem Flugzeug oder Bootsmodell an beliebiger Stelle eingebaut werden.

6.22 Hochspannungsschalter mit mehreren in Serie geschalteten Leistungs-MOSFET's

Es gibt heute bereits serienmäßig Leistungs-MOSFET's für 1000 V. Für höhere Spannungen sind jedoch keine schnellen Schaltbauelemente erhältlich. Auch Bipolartransistoren sind für Spannungen über 1000 V nicht verfügbar.

Eine sehr einfache Serienschaltung von MOSFET's, wie in Bild 151 dargestellt, kann Schaltprobleme im Hochspannungsbereich lösen. Die Schaltung kann im Prinzip – abhängig von der Anzahl der in Serie geschalteten Transistoren – bis zu beliebig hohen Spannungen verwendet werden. Die im Beispiel gezeigte Schaltung besteht aus fünf 1000-V-Transisotren (z. B. BUZ 54). Sie ist gedacht für eine Maximalspannung von 4,5 kV. Alle Transistoren sind mit einem Überspannungsschutz – festgelegt auf etwa 900 V durch die Durchbruchsspannung der Elemente Z_1–Z_5 – versehen. D_2–D_5 sind Hochspannungsdioden mit einer Durchbruchsspannung größer als 1000 V.

Wenn die Eingangsspannung am Gate des Transistors T_1 0 V ist, fließt kein Strom durch die Transistorreihe, da alle Transistoren 0 V Gate-Source-Spannung haben (die Widerstände R_2–R_5 schalten die Gates zu den jeweiligen Sources). Die Ausgangsspannung ist dann gleich der Betriebsspannung. Die Sperrspannung verteilt sich gleichmäßig zwischen den einzelnen Transistoren, weil die Überspannungsschutzelemente dafür sorgen, daß kein Transistor eine größere Spannung haben kann, wie sein Überspannungsschutz erlaubt.

Legt man positive Spannung an den Eingang, wird natürlich zuerst T_1 eingeschaltet. Seine Drainspannung sinkt und erreicht ziemlich rasch einen so niedrigen Wert, daß auch der Transistor T_2 durch die Diode D_2 positive

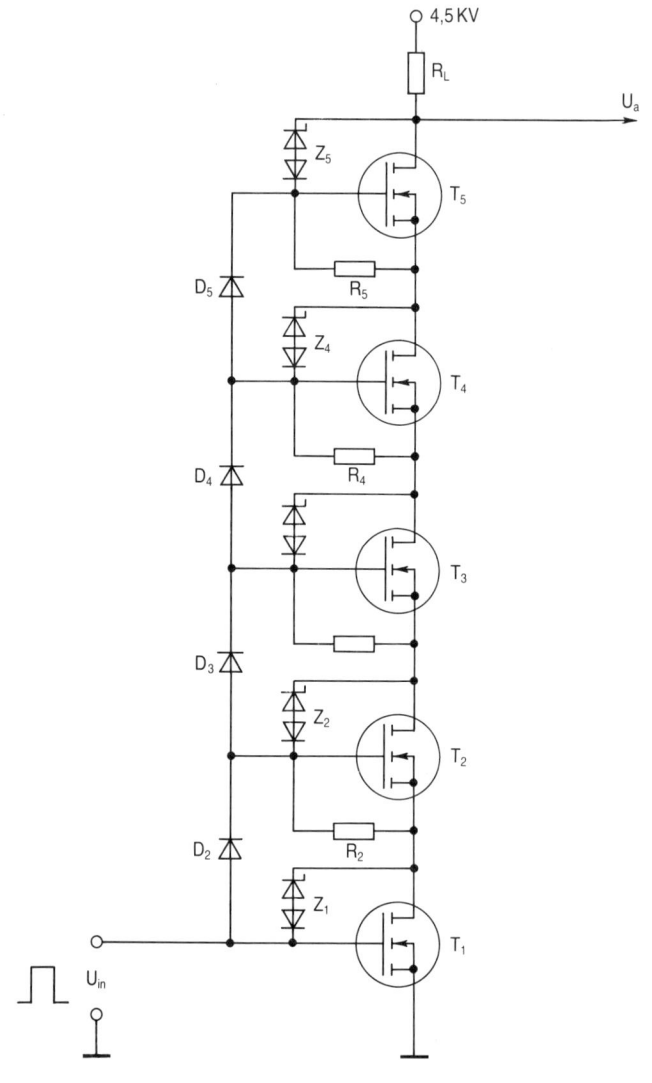

Bild 151: Hochspannungsschalter mit fünf Serienleistungs-MOSFET's.

Gate-Source-Spannung erhält. Dadurch schaltet auch T_2 und überträgt den Einschaltvorgang zu dem nächsten Transistor in der Reihe. Auf diese Art werden am Ende alle Transistoren eingeschaltet. Natürlich ist die Voraussetzung für das volle Einschalten der Kaskade, daß der Gesamtspannungsabfall über der Transistorkette im leitenden Zustand niedriger ist, als die Spannung U_{in} des Eingangsimpulses. Zusätzlich müssen bei dieser Schaltung die Spannungsabfälle über den Dioden, sowie die Eingangsströme – hervorgerufen durch die Widerstände zwischen Gate und Source – berücksichtigt werden. Während des Schaltvorganges sind in einem kurzen Zeitraum mehrere Transistoren bei hoher Spannung leitend. In diesem Zustand ist die Verlustleistung in den leitenden Transistoren groß. Dies muß bei der Gesamtfunktion berücksichtigt werden. Mit den am Markt erhältlichen Transistoren (z. B. 10 × BUZ 54) kann man etwa 0,5 A bei 10 kV Betriebsspannung als realistischen Wert für schnelles Schalten ansehen. Für höheren Strom sollten mehrere Transistoren vom gleichen Typ in den einzelnen Stufen parallel geschaltet werden. Dies ist ohne weiteres möglich.

6.23 MOS-Bipolar-Kombinationen

Wie schon in den vorangegangenen Kapiteln näher erklärt wurde, sind die MOSFET's in dem Spannungsbereich 200 – 300 V den bipolaren Schaltern in jeder Hinsicht überlegen. Neben den kurzen Schaltzeiten und der einfachen Ansteuerung ist auch der Spannungsabfall und somit auch die Wärmeerzeugung kleiner als bei bipolaren Bauelementen, wie z. B. Leistungstransistoren oder Thyristoren gleicher Chipgröße. Betrachtet man Bauelemente für höhere Betriebsspannungen, so erwärmen sich die MOS-Transistoren stärker als die bipolaren, da der MOSFET-Widerstand in diesen Bereichen höhere Werte annimmt. In letzter Zeit kann man intensive Entwicklungsaktivitäten beobachten, die das Ziel haben, die jeweils günstigen Eigenschaften der MOS- und Bipolar-Bauelemente miteinander zu kombinieren. Dies kann durch Zusammenschalten von Einzelelementen erfolgen oder aber auch in »funktionell integrierter Form« geschehen. Als sehr gutes Beispiel für eine vorteilhafte Kombination von Bipolar-Bauelementen und MOSFET's kann die »Kaskodenschaltung« in Bild 152 betrachtet werden.
Der Bipolartransistor BUX 48, darlingtonartig von einem HV-MOSFET

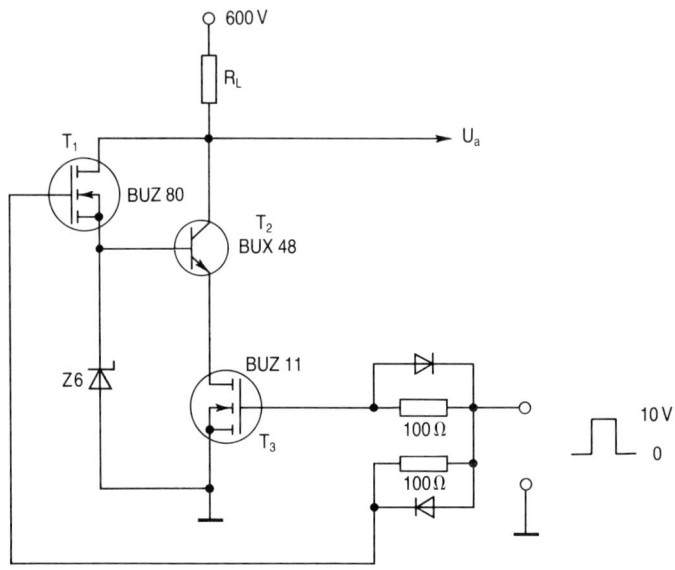

Bild 152: Kaskadenschaltung von Bipolar- und Leistungs-MOS-Transistoren für 10 A/600 V.

getrieben, ist mit einem Niedervolt-Hochstrom-MOSFET in Serie geschaltet. Betrachtet man das Einschalten, so wird zuerst T_1 leitend und reduziert dadurch die Ausgangsspannung U_a unter das Spannungslimit des Bipolar-Transistors. U_{CEX} wird mit $\geq$ 450 V angegeben. Nachfolgend schaltet T_3 ein. Dadurch wird der Bipolar-Transistor leitend. Der gesamte Spannungsabfall über dem Hybrid-Kaskodeschalter beträgt im eingeschalteten Zustand bei 10 A Strom nur wenige Volt. Beim Ausschaltvorgang wird zuerst T_3 abgeschaltet. Dadurch wird aber der Laststrom aus dem Emitterkreis des Transistors T_2 in den Basiskreis umgeleitet. Die im Bipolar-Transistor gespeicherte Ladung fließt durch die Zenerdiode ab, wenn dann auch T_1 abgeschaltet wird. Da sich bei dem Abschaltvorgang der Bipolar-Transistor T_2 als Diode und nicht als Transistor verhält, wird er sehr schnell, ohne die für Bipolar-Transistoren charakteristische Speicherzeit, in den nichtleitenden Zustand umgeschaltet. Die »safe operating area« des Bipolar-Transistors erweitert sich. Der Bipolar-Transistor kann in dieser Konfiguration für wesentlich höhere Spannungen eingesetzt werden, wie

158

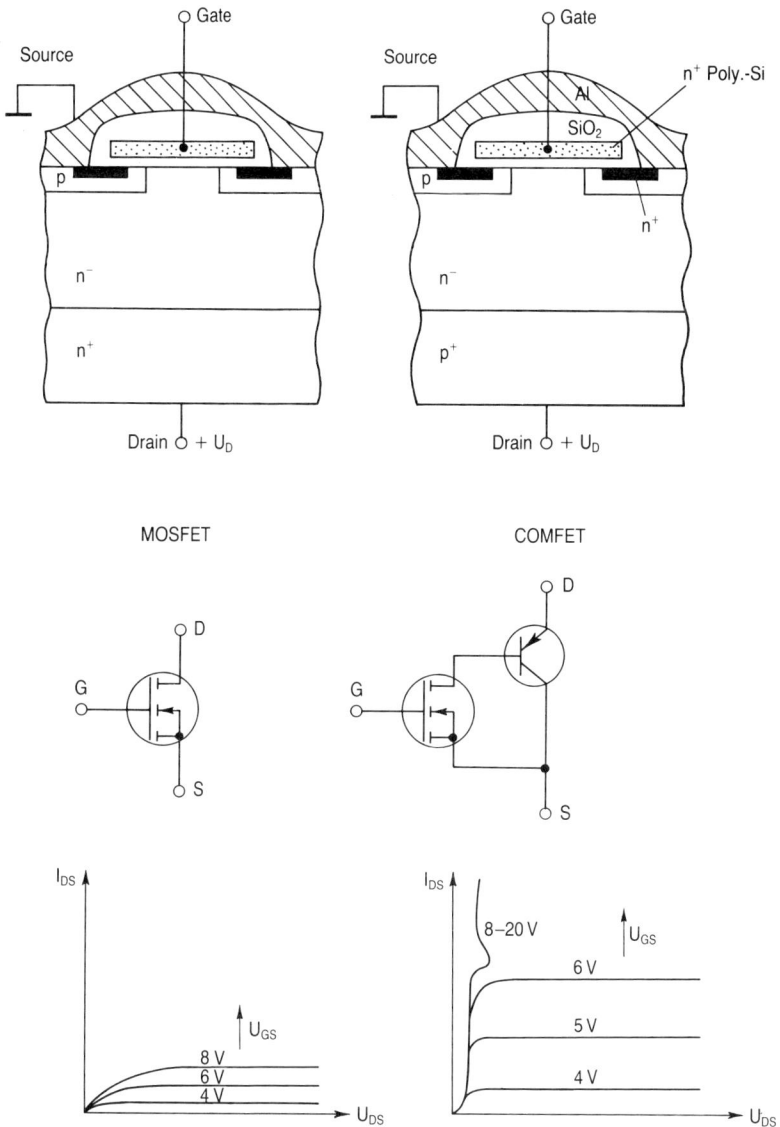

Bild 153: Vergleich MOSFET und COMFET.

dies die Angabe (U_{CEX}) erlauben würde. Die Kaskodenschaltung ist also schneller als der Bipolar-Transistor alleine, und die Steuerleistung ist kleiner, da das Eingangssignal MOSFET's schaltet. Es sind außerdem höhere Spannungen erreichbar als mit dem Bipolar-Transistor als Einzelelement. Ein weiterer Vorteil ist, daß der Spannungsabfall kleiner ist als bei einem MOSFET von gleicher Sperrspannung und einer Siliziumfläche gleich der Gesamtfläche von T_1, T_2, T_3 und der Zenerdiode.

Ein sehr interessantes Beispiel für die funktionelle Integration von Bipolar- und MOS-Strukturen ist das Bauelement in Bild 153.

Das Bauelement wird bezeichnet mit »COMFET« (Conductivity modulated FET) bei RCA, »IGT« (Insulated Gate Thyristor) und bei General Electric und »GEMFET« (Gain enhanced MOSFET) bei Motorola.

Alle Namen stehen für denselben Aufbau einer vertikalen MOSFET-Struktur mit n^--Epitaxieschicht auf p^+-Substrat, wie dies in Bild 153 zu sehen ist. Im folgenden bezeichnen wir diese Anordnung nach der MOTO-ROLA Bezeichnung GEMFET. GEMFET ist eine Struktur, welche aus einem pnp-Bipolar-Transistor und aus einem MOSFET besteht. Er kann bei gleicher Gatespannung wesentlich mehr Strom führen als ein gleichgroßer MOSFET. Der Spannungsabfall ist aber kleiner als bei MOSFET's (ähnlich wie bei Bipolar-Transistoren). Der Eingangsstrom ist – ebenfalls wie bei MOSFET's – vernachlässigbar klein, wenn die Schaltfrequenz klein ist. Zum Zeitpunkt der Erstellung dieses Buches waren einige Typen von RCA und Motorola angekündigt. Zuerst werden sicherlich die Anfangsprobleme, wie die im Vergleich zu MOSFET's größeren Schaltzeiten, die Neigung zum thyristorartigen »latch up« bei hohen Strömen und bei höheren Temperaturen und das verzögerte Erreichen des minimalen Spannungsabfalls, beseitigt werden müssen. Für hohe Spannungen ($> 300\,V$) bieten die GEMFET's eine attraktive Alternative zu den einfachen Leistungs-MOSFET's. Die GEMFET's sind im wesentlichen auch MOSFET's. Sie sind die zweite, weiterentwickelte Generation von Bauelementen, entstanden auf der Basis der MOS-Leistungstransistor-Technolgien.

Es sind bereits andere Bauelemente bekannt, die, ähnlich wie die GEMFET's, funktionell integrierte MOS-bipolar-Strukturen sind. Sie wurden ebenso mit nur sehr wenig modifizierten Leistungs-MOSFET-Technologien realisiert. So sind hier z. B. Vertikal- und Lateral-Thyristoren mit MOSFET-Eingang in Entwicklung und sogar in Fertigung (Motorola, Siemens). Neu erschienen ist im Jahr 1984 eine 400- bis 600-V-Optotriac-

Familie für Halbleiter-Relais. Alle diese Bauelemente basieren auf der Leistungs-MOSFET-Technologie, die es ermöglicht hat, die IC-Fertigungsmethoden für Leistungsbauelemente zu verwenden.

6.24 HiFi-Verstärker mit SIPMOS-Transitoren

Eine Anwendung mit MOS-Leistungstransistoren aus dem Analogbereich ist die HiFi-Endstufe. Das Beispiel nach [14] zeigt eine MOS-Endstufe, die unter Beibehaltung der Ansteuerschaltung und der wesentlichsten elektrischen Daten von 60 bis 160 W Nennausgangsleistung aufgebaut werden kann. Bild 154 zeigt die Prinzipschaltung der Endstufe. Es wird eine symmetrische Versorgung verwendet. Die beiden in Serie geschalteten Leistungstransistoren T_{E1} und T_{E2} werden über einen Differenzverstärker, gebildet aus T_{12}, T_{13} und Stromquelle I_2, angesteuert. Die Kollektorströme von T_{12} und T_{13} sind gegenphasig und erzeugen an den 1-kΩ-Widerständen die Steuerspannungen für die Endstufentransistoren. Der Eingangsverstärker, ebenfalls ein Differenzverstärker, erhält über C_E, wechselspannungsmäßig eingekoppelt, das NF-Steuersignal. Im invertierenden Zweig wird über R_2 (33 kΩ) das Ausgangssignal der Endstufe gegengekoppelt. Die untere Frequenzgrenze wird durch die Größe der Kondensatoren C_E und C_1 festgelegt. Bild 155 zeigt die Gesamtschaltung der Endstufe. Der Stromspiegel I_1 besteht aus den Transistoren T_3 und T_4. Um von Speisespannungsschwankungen unabhängig zu sein, wird der Referenzstrom aus einer stabilisierten Stromquelle (T_5) geliefert. Ähnlich ist auch die Stromquelle I_2 aufgebaut. Sie besteht aus den Transistoren T_{10}, T_9, T_{11}. Hier läßt sich aber mit P_2 der Quellenstrom durch T_{10} so einstellen, daß die Ausgangsruhespannung $U_Q = 0$ V der Endstufe eingestellt werden kann.

Durch einige Zusatzschaltungen wird die Endstufe zusätzlich ruhestromstabilisiert, kurzschlußsicher und übertemperatursicher gemacht.

Da die Einsatzspannungen der Endstufentransistoren temperaturabhängig (positiver T_K bei kleinen Drainströmen) sind und sich bei Erwärmung die eingestellten Arbeitspunkte verschieben würden, ist eine einfache Temperaturkompensation vorgesehen. Die Kombination NTC Widerstand K 45 und Diode parallel zu T_9 übernimmt einen Teil des Referenzstromes des Stromspiegels bei Erhöhung der Temperatur. Dadurch wird die Gatespannung der Endstufentransistoren verringert und der Erhöhung des Ruhestromes entgegengewirkt.

161

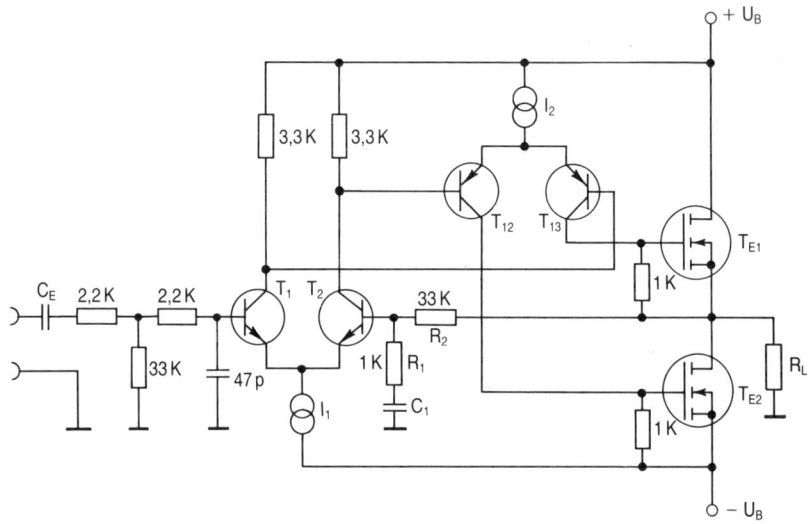

Bild 154: Vereinfachtes Schaltbild der Leistungsendstufe.

Die Übertemperatursicherung, gebildet aus den Transistoren T_6, T_7, T_8 ist ebenfalls ein Parallelzweig des Stromspiegels T_9, T_{10}. Bei Ansprechen wird über Transistor T_8 ein großer Teil des Referenzstromes abgeleitet und dadurch das Steuersignal der Endstufentransistoren verringert. Die Kurzschlußsicherung, gebildet durch die Sourcewiderstände mit $0{,}27\,\Omega$ und den Transistor T_{14}, bewirkt ein Durchschalten von T_{14} bei überhöhten Spannungsabfällen an den Sourcewiderständen. Es wird dadurch der Strom aus der Stromquelle reduziert und die Aussteuerung der Endstufentransistoren verringert.

Will man die Endstufe für höhere Ausgangsleistungen aufbauen, so geschieht dies durch Erhöhung der Versorgungsspannung und Parallelschaltung der Leistungstransistoren. In diesem Fall ist aber besonders darauf zu achten, daß die Einsatzspannungen der prallel zu schaltenden Transistoren gleich sind. Wenn nötig, müssen die Transistoren ausgemessen werden. Die nachfolgende Tabelle zeigt die elektrischen Daten der eben beschriebenen Schaltung.

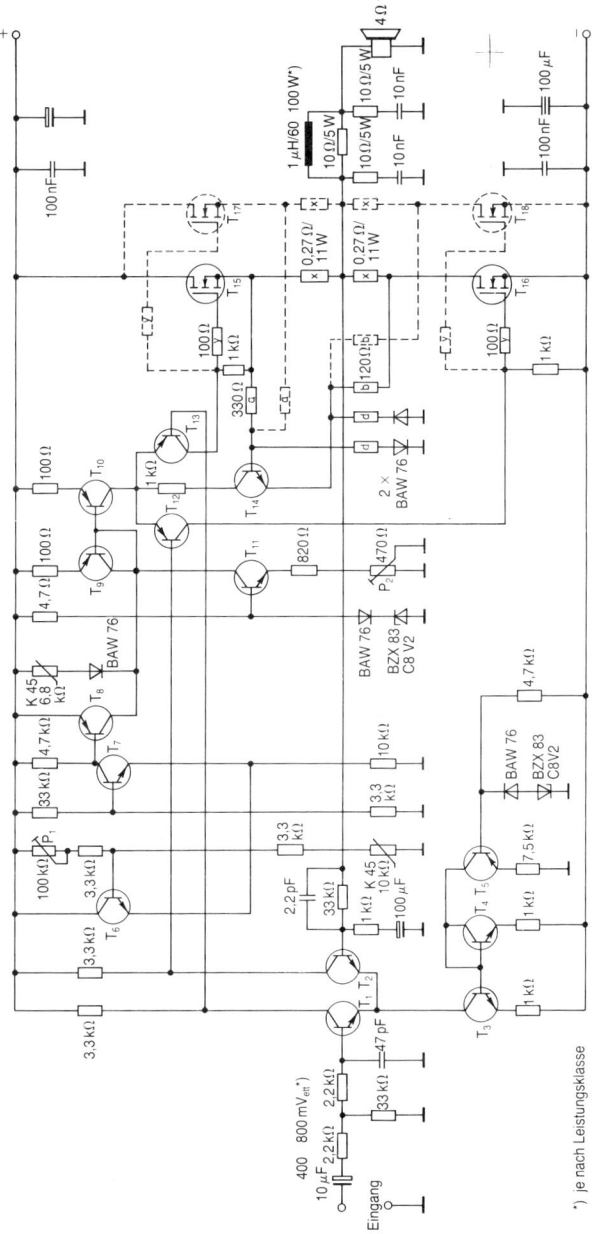

Bild 155: Schaltung einer HiFi-NF-Endstufe.

*) je nach Leistungsklasse

163

Datenblatt zur Schaltung nach Bild 155

Endstufentransistoren		2 × BUZ 20	2 × BUZ 23	4 × BUZ 20	4 × BUZ 23	Einheit
Speisespannung $(P_A = P_{AN})$	$U_S \geq$	± 33	± 36	± 40	± 46	V
Speisespannung max. $(P_A = 0)$	$U_{S\,max} \leq$	± 38	± 42	± 50	± 55	V
Stromaufnahme						
$(P_A = 0)$	$I_S \geq$	0,1	0,1	0,2	0,2	A
$(P_A = P_{AN})$	$I_S =$	1,7	2	2,3	3	A
(Kurzschluß am Ausgang)	$I_S \leq$	1	1	1,8	1,5	A
Nennausgangsleistung $(P_A = P_{AN})$ $(f = 1\,\text{kHz},\ R_L = 4)$	$P_{AN} =$	60	80	120	160	W
Musikausgangsleistung $(U_S \leq U_{S\,max.},\ R_L = 4\,\Omega)$	$P_A \leq$	100	120	200	240	W
Klirrfaktor (20 Hz – 20 kHz) $(P_A = P_{AN})$	$k \leq$	0,03	0,04	0,05	0,05	%
Intermodulation (250 Hz, 8 kHz, 4:1)	$m \leq$	0,05	0,05	0,07	0,07	%
Eingangswiderstand	$R_I \leq$	33	33	33	33	kΩ
Spannungsverstärkung	$V_U =$	31	31	31	31	dB
Frequenzgang (20 Hz . . . 20 kHz)	$f \leq$	$\pm 0,1$	$\pm 0,1$	$\pm 0,1$	$\pm 0,1$	dB
Übertragungsbereich ($-3\,$dB)	$f_U \leq$	2	2	2	2	Hz
$(4\,\Omega,\ P_A = 0{,}1\,P_{AN})$	$f_g \geq$	450	425	300	250	kHz
Leistungsbandbreite	$f_U \leq$	5	5	5	5	Hz
$(k = 0{,}5\%,\ P_A = 0{,}5\,P_{AN})$	$f_g \geq$	120	85	80	70	kHz
Dämpfungsfaktor $(4\,\Omega,\ 40\,\text{Hz})$	$\geq$	200	200	200	200	
Fremdspannungsabstand (CCIR)						
$P_A = 50\,\text{mW}$	$S/N \geq$	73	73	73	73	dB
$P_A = P_{AN}$	$S/N \geq$	104	105	107	108	dB
Lastwiderstand	$R_L =$	4	4	4	4	Ω

Bauteileliste zur Schaltung nach Bild 155

Bauteil		Bestellnummer
2 SIPMOS-Transistoren	BUZ 20*)	C67078-A1302-A2
2 SIPMOS-Transistoren	BUZ 23*)	C67078-A1002-A2
5 Silizium-Transistoren	BC 237 B*)	Q62702-C277
4 Silizium-Transistoren	BC 307 B*)	Q62702-C324
2 Silizium-Transistoren	BC 414 C*)	Q62702-C376-V2
2 Silizium-Transistoren	BC 546 B*)	Q62702-C687-V2
2 Silizium-Transistoren	BC 556 B*)	Q62702-C692-V2
1 Silizium-Transistor	BF 869*)	Q62702-F592
1 Silizium-Transistor	BF 870*)	Q62702-F602
5 Silizium-Schaltdioden	BAW 76	Q62702-A397
1 Heißleiter	6,8 kΩ K 45	Q63045-K682-K
1 Heißleiter	10 kΩ K 45	Q63045-K103-K
1 Keramik-Kondensator	2,2 pF/63 V__	B38062-A6020-C206
1 Keramik-Kondensator	47 pF/63 V__	B38062-J6470-G6
2 MKT-Schichtkondensatoren	10 nF/400 V__	B32511-D6103-K
2 MTK-Schichtkondensatoren	100 nF/100 V__	B32511-D3104-K
1 Aluminium-Elektrolyt-Kondensator	10 μF/40 V__	B45181-B4106-M
1 Aluminium-Elektrolyt-Kondensator	100 μF/16 V__	B41326-A4107-V
2 Aluminium-Elektrolyt-Kondensatoren	100 μF/63 V__	B41283-A8107-T
1 Luftspule 1 μH, ca. 15 Wdg. Draht 1,5 mm ø CuL gewickelt über die 10-Ω-Widerstände		

*) je nach Leistungsklasse (siehe Bestückungstabelle)

Transistor- und Widerstands-Bestückungstabelle für Schaltung nach Bild 155

Transistoren	60 W	80 W	120 W	160 W
T_1, T_2	BC 414 C	BC 414 C	BC 546 B	BC 546 B
T_3, T_4	BC 237 B	BC 237 B	BC 546 B	BC 546 B
T_5	BC 307 B	BC 307 B	BC 556 B	BC 556 B
T_6, T_7	BC 237 B	BC 237 B	BC 546 B	BC 546 B
T_8, T_9, T_{10}	BC 307 B	BC 307 B	BC 307 B	BC 307 B
T_{11}	BC 237 B	BC 237 B	BC 546 B	BC 546 B
T_{12}, T_{13}	BC 556 B	BC 556 B	BF 870	Bd 870
T_{14}	BC 546 B	BC 546 B	BF 869	BF 869
T_{15}, T_{16}	BUZ 20	BUZ 23	BUZ 20	BUZ 23
T_{17}, T_{18}			BUZ 20	BUZ 23

Widerstände für Kurzschlußsicherung	a	b	c	d	x	y	
60/80 W	330	120	4,7 k*)	1,8 k*)	0,27	100	Ω
120/160 W	330	220	2,7 k*)	1 k*)	0,27	100	Ω

*) Der Einsatzpunkt der Kurzschlußsicherung wird durch diese Werte bestimmt und ist anzupassen!

6.25 Niederohmiger Analogschalter

Die Leistungs-MOSFET's sind auch für den Aufbau von Analogschaltern mit geringem Durchlaßwiderstand geeignet. Solche Schaltungen können z. B. gut als Transducers für die Steuerung von Signalen in Ultraschallgeräten verwendet werden. Eine einfache Schaltung ist in Bild 156 dargestellt. Der Analogkanal wird von den beiden Leistungs-MOSFET's T_1 und T_2 gebildet, die mit ihren Source- bzw. Gate-Anschlüssen verbunden sind. Eine 10-V-Zenerdiode verhindert, daß die Source-Gate-Spannung über 10 V ansteigen kann. Im eingeschalteten Zustand sind die Kleinsignaltransistoren T_3 und T_4 gesperrt. Die Gatespannung auf den beiden Kanaltransistoren ist positiv, und ein kleiner Ruhestrom fließt durch den Widerstand R in den Kanal. Dieser Strom belastet zwar den Kanal, doch kann er beliebig klein gehalten werden, wenn R hochohmig genug gewählt wird (z. B. 1 MΩ). Beide Kanaltransistoren sind voll leitend, da die Gate-Source-Spannung unabhängig von der Spannung U_{in} (sie kann zwischen 0–100 V schwanken) auf 10 V liegt. Der Durchlaßwiderstand des Kanals beträgt etwa 0,4 Ohm, unabhängig davon, auf welchem Spannungsniveau der Kanal sich gerade befindet. Da nur die Ausgangskapazitäten der beiden

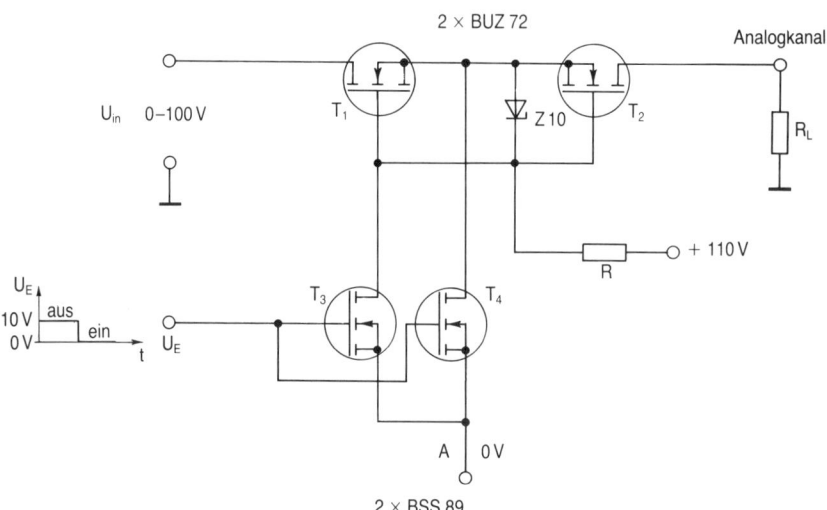

Bild 156: Niederohmiger Analogschalter mit MOSFET's für ein 0–100-V-Spannungsfenster.

Kleinsignaltransistoren T_3 und T_4 das Signal belasten, welches auf dem Schalter anliegt, hat der Kanal eine sehr kleine Kapazität gegen den Erdpunkt. In abgeschaltetem Zustand sind T_3 und T_4 leitend, T_1 und T_2 gesperrt. Die gemeinsamen Source- und Gate-Punkte von T_1 und T_2 sind niederohmig ($< 6\,\Omega$) geerdet, d. h. auf 0 V gelegt. Damit wird das Rückwirkungssignal zwischen Eingang und Ausgang des Analogkanals in der Mitte abgeleitet. Diese Lösung ergibt eine außerordentlich gute Dämpfung zwischen Kanaleingang und -ausgang in abgeschaltetem Zustand. Die gezeigte Schaltung erlaubt die Übertragung eines Spannungsbereiches zwischen 0–100 V. Das Prinzip eignet sich selbstverständlich auch für größere Spannungen und Negativ-Positiv-Spannungsbereiche. Der Sourcepunkt A der Transistoren T_1 und T_2 soll dann aber negativer sein als der negativste Signalpegel. Die Spannung am Widerstand R soll mit mindestens 10 V über der positivsten Signalspannung liegen. Natürlich erfolgt dann die Ansteuerung von T_1 und T_2 über einen Pegelumsetzer.

6.26 Halbleiterrelais mit MOSFET's

Da die MOSFET's keinen Eingangsstrom für das Aufrechterhalten des ein- oder abgeschalteten Zustandes brauchen und nur eine geringe Ladung für das Schalten benötigen, sind sie ideal für optische Ansteuerung geeignet. Als Beispiel für die Möglichkeiten zeigt Bild 157 eine einfache Relaisschaltung.
Das Schalterteil des Relais besteht aus zwei Leistungs-MOSFET's, die jeweils mit den Source- und Gate-Anschlüssen verbunden sind. Zwischen den Source- und Gate-Punkten befindet sich eine Kette von Fotoelementen. Sie ist so angeordnet, daß das Licht, das von einer lichtemittierenden Infrarotdiode ausgestrahlt wird, auf sie trifft. Die Leuchtdiode soll zweckmäßigerweise isoliert aufgebaut, aber nicht zu weit von der Kette der Fotoelemente entfernt angeordnet sein, um möglichst gute Lichtempfindlichkeit zu erreichen. In aktiviertem Zustand muß die von der Fotoelementekette erzeugte Spannung höher liegen als die Einsatzspannung der MOSFET's. Da die großen Leistungs-MOSFET's ziemlich hohe Einsatzspannung haben, muß man mehrere Fotoelemente verwenden, um ein niederohmiges Relais zu realisieren. Die im Bild 157 dargestellte Lösung verwendet BSS 89 SIPMOS-Kleinsignaltransistoren. Diese Bauelemente haben eine besonders kleine Einsatzspannung von etwa 1 V und sind

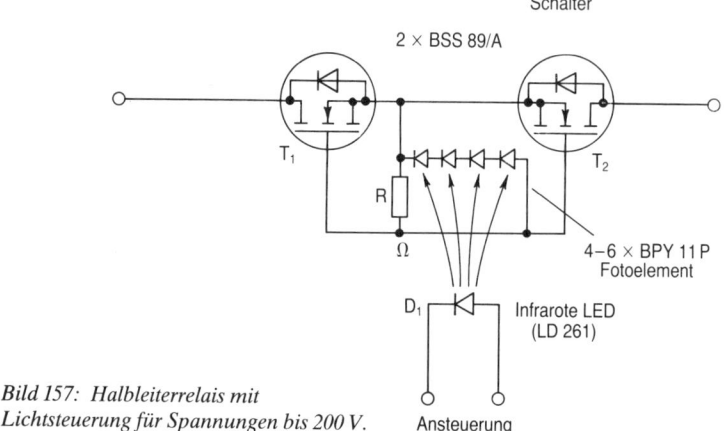

Schalter

2 × BSS 89/A

T_1

R

Ω

D_1 Infrarote LED
(LD 261)

T_2

4–6 × BPY 11 P
Fotoelement

Bild 157: Halbleiterrelais mit
Lichtsteuerung für Spannungen bis 200 V.

Ansteuerung

deshalb mit vier in Serie geschalteten Fotoelementen gut eingeschaltet. (Sie liefern etwa 2 V mit mittelstarker Beleuchtung.) Ein Gesamtwiderstand des Schalters von etwa 20 Ω ist mit dieser Anordnung leicht zu erreichen. Ohne Lichteinstrahlung entlädt der 2-MΩ-Widerstand die Gate-Source-Kapazität und die Spannung geht auf 0 V zurück. Dadurch wird das Relais abgeschaltet. Die Schaltzeiten sind zwar relativ langsam, aber immer noch kürzer als bei mechanischen Relais. Ein wichtiger Vorteil ist, daß das Halbleiterrelais kein Prellen zeigt. Im abgeschalteten Zustand kann es durch schnelle Spannungsimpulse zum nichtbeabsichtigten Einschalten kommen, da die Rückwirkungskapazitäten im allgemeinen nicht voll von der Gate-Source-Kapazität kompensiert sind. Um dies zu vermeiden, kann man einfach einen Kondensator zum Widerstand R parallel schalten. Dies erhöht zwar die Schaltzeiten, reduziert aber die Empfindlichkeit der Schaltung gegen du/dt-Effekte.

Die Spannungsfestigkeit des Relais, Bild 157, ist in beiden Polaritäten so groß wie die maximal erlaubte Drainspannung der MOSFET's T_1 und T_2, in unserem Fall ± 200 V. Es ist natürlich genauso möglich, höhere Spannungsfestigkeit mit höhersperrenden Leistungs-MOSFET's zu erreichen. Das Problem ist, daß für hohe Spannungen noch keine kleinflächigen MOSFET's mit möglichst kleiner Einsatzspannung zur Verfügung stehen und daher für die Ansteuerung zu viele Fotoelemente in Serie geschaltet werden müßten.

168

6.27 Leistungs-Operationsverstärker

Die sehr kleine Steuerleistung von Leistungs-MOSFET's bei niedrigen Frequenzen ermöglicht es, praktisch im gesamten Audiofrequenzbereich sehr einfach die Leistungsfähigkeit von Operationsverstärkern zu erhöhen. Bild 158 zeigt die einfachste Lösung für einen Leistungsoperationsverstärker. Der Leistungsausgang wird durch einen p- und einen n-Kanal-Leistungs-MOSFET gebildet, die jeweils mit den Gate- und Source-Punkten zusammengeschaltet sind. Der Operationsverstärker treibt den Gate-Punkt, der Ausgang ist der gemeinsame Source-Punkt. Die Rückkopplung erfolgt vom Source-Punkt. Die verwendeten 50-V-SIPMOS-Transistoren haben einen Ausgangswiderstand von einigen Zehntel Ohm. Es ist daher möglich, abhängig von der Kühlung der beiden Leistungs-MOSFET's, einige Ampere Ausgangswechselstrom zu erreichen. Die Schaltung weist zwar gewisse Verzerrungen im Nullpunktübergang auf, dies ist aber für viele Anwednungen tolerierbar.

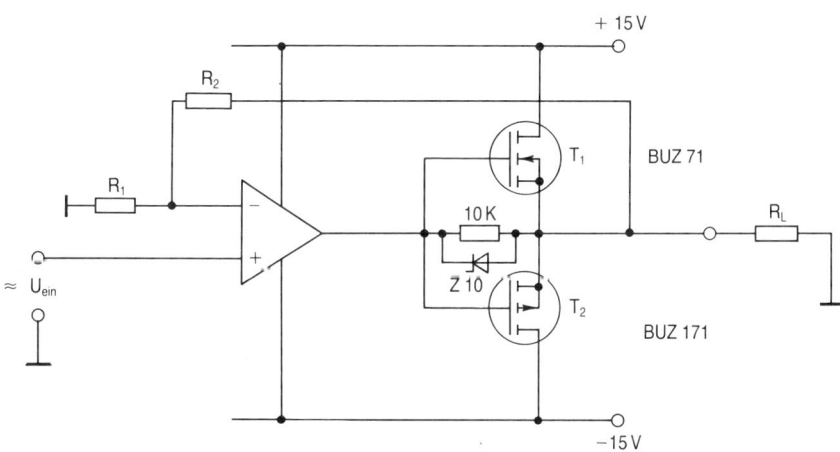

Bild 158: Operationsverstärker mit Leistungs-MOSFET-Ausgang.

169

Bezeichnungen und Symbole

Größe	Bedeutung	Einheit
A	Fläche	cm^2
A_{MI}	Dünnoxidfläche	cm^2
B	Stromverstärkung	
C_{RL}	Kapazität der Raumladungszone	$F \cdot cm^2$
C_{ds}	Dynamische Drain-Sourcekapazität	F
C_{gs}	Dynamische Gate-Sourcekapazität	F
C_{gd}	Dynamische Gate-Drainkapazität	F
C_{ox}	Oxidkapazität	$F \cdot cm^2$
C_{iss}	Eingangskapazität	F
C_{oss}	Ausgangskapazität	F
C_{rss}	Rückwirkungskapazität	F
D_{ox}	Gateoxiddicke	cm
E	Elektrische Feldstärke	$V \cdot cm^{-1}$
E_{max}	Maximal zulässige Feldstärke	$V \cdot cm^{-1}$
e	Elementarladung $1{,}602 \cdot 10^{-19}$	As
G	Leitwert	S
g_{fs}	Übertragungssteilheit	$A \cdot V^{-1}$
I_B	Basisstrom	A
I_c	Kollektorstrom	A
I_D	Drainstrom	A
I_{DR}	Strom der Inversdiode	A
I_{DS}	Drain Sourcestrom allgemein	A
I_{GS}	Gate-Source Reststrom	A
I_{DSS}	Drain-Reststrom (Gate und Source kurzschl.)	A
I_{DRM}	Maximalstrom der Inversdiode	A
I_{GSS}	Gate-Source-Leckstrom	A
$I_{D(Puls)}$	gepulster Drainstrom	A
L	Kanallänge	cm
N_d	Dotierung allgemein	cm^{-3}
$N_{D(Drain)}$	Dotierung des Draingebietes	cm^{-3}
N_{Dot}	Anzahl der Dotieratome	cm^{-3}
n_i^2	Eigenleitungsträgerdichte $1{,}9 \cdot 10^{20}$	cm^{-6}
n^-	schwach dotiertes n-Gebiet	
n^+	stark dotiertes n-Gebiet	
n_{maj}	Anzahl der Majoritätsträger	cm^{-3}
n_{min}	Anzahl der Minotirätsträger	cm^{-3}
P_D	Verlustleistung des Draingebietes	W
p^-	schwach dotiertes p-Gebiet	
p^+	stark dotiertes p-Gebiet	
Q_{RL}	Ladung der Raumladungszone	$As \cdot cm^{-2}$
Q_{rr}	Sperrverzögerungsladung	As
R_{25}	Einschaltwiderstand bei 25 °C	Ω
R_{125}	Einschaltwiderstand bei 125 °C	Ω
R_{th}	Gesamter thermischer Übergangswiderstand	$°C \cdot W^{-1}$

Größe	Bedeutung	Einheit
R_{epi}	Flächenwiderstand der Epitaxieschicht	$\Omega \cdot cm^{-2}$
R_{thJC}	Wärmewiderstand Kristall-Gehäuse	$°C \cdot W^{-1}$
R_{WARM}	Einschaltwiderstand des erwärmten Transistors	Ω
$R_{DS(on)}$	Einschaltwiderstand	Ω
S	Steilheit	$A \cdot V^{-1}$
T_a	Umgebungstemperatur	$°C$
T_c	Gehäusetemperatur	$°C$
T_j	Kristalltemperatur	$°C$
T_{KID}	Temperaturkoeffizient des Drainstromes	$°C \cdot W^{-1}$
$T_{KR(on)}$	Temperaturkoeffizient des Einschaltwiderstandes	$°C^{-1}$
$T_{K\ U(th)}$	Temperaturkoeffizient der Einsatzspannung	$mV \cdot °C^{-1}$
T_{Stg}	Lagertemperatur	$°C$
t_{on}	Einschaltzeit	s
t_{rr}	Sperrverzögerungszeit	s
t_{off}	Ausschaltzeit	s
U	Sperrspannung	V
U_B	Versorgungsspannung	V
U_G	Gatespannung	V
U_{DS}	Drain-Source-Spannung	V
U_{GS}	Gate-Source-Spannung	V
U_{RL}	Spannung über der Raumladungszone	V
U_{SD}	Durchlaßspannung (inversdiode)	V
U_{CBo}	Kollektor-Basis-Sperrspannung (Emitter offen)	V
U_{CES}	Kollektor-Emitter-Sperrspannung (Basis-Emitter Kurzschluß)	V
U_{CER}	Kollektor-Emitter-Sperrspannung (mit Basis-Emitter Widerstand)	V
$U_{GS(th)}$	Einsatzspannung	V
$U_{(BR)DS}$	Drain-Source Durchbruchspannung	V
v	Ladungsträgergeschwindigkeit	$cm \cdot s^{-1}$
v_n	Geschwindigkeit der Elektronen	$cm \cdot s^{-1}$
W	Kanalweite	cm
Z_{thJC}	Transienter Wärmewiderstand	
ε_o	Vakuum-Dielektrizitätskonstante $8,85 \cdot 10^{-12}$	$F \cdot m^{-1}$
ε_{ox}	Relative Dieelektrizitätskonstante für Oxid 12	
ε_{si}	Relative Dielektrizitätskonstante für Silizium 3,9	
$\varepsilon_o \varepsilon_{si} \cdot e$	$1,7 \cdot 10^{-31}$	$A^2 \cdot s^2 \cdot V^{-1} \cdot cm^{-1}$
μ	Beweglichkeit allgemein	$cm^2 \cdot V^{-1} \cdot s^{-1}$
μn	Beweglichkeit der Elektronen	$cm^2 \cdot V^{-1} \cdot s^{-1}$
μp	Beweglichkeit der Löcher	$cm^2 \cdot V^{-1} \cdot s^{-1}$

Literaturnachweis

[1] *C. Hu:* »A Parametric Study of Power MOSFET's«, Rec. of IEEE Power Electronics Specialists Conf., pp. 385–395, June 1979.

[2] *E. Hebenstreit:* »Switching Stages with Reverse Voltage up to 1000 Volts – Implemented with SIPMOS FET's«, Proceedings of International MOTORCRON '81.

[3] Siemens Components 18 (1980), Heft 5, Seiten 218–224.

[4] *E. Hebenstreit:* »A new BIMOS Switching Stage for 10 KW Range«, PCI '83.

[5] *A. Pichler, W. Schott:* »Potentialfreie SIPMOS-Leistungstransistoransteuerung auf induktiven, optischen und piezoelektrischem Wege«, Siemens Components 20 (1982), Heft 1.

[6] *W. Horn:* »Leistungs-MOSFET potentialfrei angesteuert«, Elektronik 12./16. 6. 1983, Seite 67.

[7] *R. Osterhaus:* »Leistungs-MOSFET potentialfrei angesteuert«, Elektronik 18./9. 9. 1983, Seite 128.

[8] »Gleichstrommotor-Drehzahlregler mit SIPMOS-Transistor und TCA 955«, Seite 46, Siemens Schaltbeispiele, Ausgabe 1982/83, Best. Nr. 2731.

[9] *K. Wetzel:* »Umrichterschaltungen für Drehstrommotoren am Einphasennetz mit SIPMOS Transistoren und Mikrorechner«, Sonderdruck der Siemens AG, Best. Nr. B/2906.

[10] »Elektronisches Vorschaltgerät für Leuchtstofflampen«, Siemens Schaltbeispiele, Ausgabe 1982/83, Best. Nr. 2731.

[11] *J. Wüstehube u. a.:* »Schaltnetzteile«, ISBN 3-88508-601-8.

[12] *M. Herfurth:* »Schaltungsprinzipien getakteter DC/DC-Wandler«, Bericht ET-8301.

[13] »Siemens Schaltbeispiel 117 V/220 V – 5 V/20 A-Schaltnetzteil nach dem Eintaktfluß-wandler-Prinzip«, Best. Nr. B/3031.

[14] »HiFi-NF-Endstufe mit SIPMOS-Transistoren«, Siemens Schaltbeispiele, Ausgabe 1982/83, Best. Nr. B/2731.

SIEMENS

Eine Technologie,
die Maßstäbe setzt...

SIPMOS® – Siemens Power MOS bedeutet mehr, als Leistungshalbleiter in MOS-Technik. Wer SIPMOS wählt, entscheidet sich für **die Technologie, die Maßstäbe gesetzt hat und immer wieder neue setzt.**

Das gilt in gleicher Weise für SIPMOS-Leistungs- und -Kleinsignaltransistoren – zählbar, meßbar, beweisbar an Beispielen, wo immer Sie den Schwerpunkt setzen.

- Hervorragendes Preis-Leistungs-Verhältnis: Unsere BUZ-7-Serie ist auch als »ECONOFETs« bekannt
- überdurchschnittlich hohe Lastwechselfestigkeit: eine Besonderheit der SIPMOS-Bauelemente

- Hohe Sperrspannungen: Wer liefert mehr 800- und 1000-V-MOSFET-Typen?
- »Pfiffige Lösungen«: Beispielsweise FREDFETs mit schneller Inversdiode (fast recovery epitaxial diode) für problemlosen Freilaufbetrieb, oder SIPMOS-TRIAC, störsicher, µP-kompatibel, mit und ohne Nullpunktsteuerung
- Hohe Sperrspannungen auch bei Kleinsignaltransistoren: P-Kanal-Typen bis 200 V und N-Kanal-Typen. Verschiedene Gehäuseformen.

Stellen Sie hohe Ansprüche – SIPMOS erfüllt sie.

Schreiben Sie an die Siemens AG, Infoservice/B 8419, Postfach 156, D-8510 Fürth, Kennwort »SIPMOS-Gesamtprogramm«.

B 8419

Sachregister